여행은

꿈꾸는 순간,

시작된다

리얼 시리즈가 제안하는

안전여행 가이드

안전여행 기본 준비물

☐ 마스크

태국에서는 마스크를 쓰지 않아
도 된다. 하지만 사람이 많은 곳에
서는 착용하길 권장한다.

☐ 손 소독제

소독제나 알코올스왑, 소독 스프
레이 등을 챙겨서 자주 사용한다.

☐ 여행자 보험

코로나19 확진 시 격리 및 치료에
들어가는 비용이 보장되는 여행자
보험에 가입한다.

☐ 휴대용 체온계

발열 상황에 대비해 작은 크기의
체온계를 챙긴다. 아이와 함께 여
행한다면 필수로 준비하자.

☐ 자가진단키트

발열과 기침, 오한 등 코로나19로
의심되는 증상이 나타날 때 감염
확인을 위해 필요하다. 여행 기간
과 인원을 고려해 준비한다.

☐ 재택 치료 대비 상비약

코로나19 확진 시 증상에 따라 필
요한 약을 준비한다. 해열진통제,
기침 감기약, 지사제 등을 상비약
으로 챙긴다.

여행 속 거리두기 기본 수칙

☐
활동 전후
30초 이상 손씻기

☐
타인과 안전 거리
유지하기

☐
손 소독제
적극 사용하기

☐
밀집 지역은
특히 주의하기

여행 일정

- ☐ 여행지에 따른 방역 지침 준수하기
- ☐ 여행지 주변 의료 시설 확인하기
- ☐ 자가격리 기준 숙지하기

여행지

- ☐ 여행지에 따른 방역 수칙 준수하기
- ☐ 오픈 시간 및 휴무일은 자주 변동되므로 방문 전 확인하기

식당·카페

- ☐ 사람이 많으면 포장 주문도 고려하기
- ☐ 매장 내에서 취식한다면 손 소독 및 거리두기 준수하기

숙박

- ☐ 예약 숙소의 방역 및 소독 진행 여부 확인하기
- ☐ 객실 창문을 열어 자주 환기하기

렌트 차량

- ☐ 손잡이 소독하기
- ☐ 주기적으로 환기시키기

대중교통

- ☐ 탑승객과 일정 거리 유지하기
- ☐ 공용 휴게 공간 조심하기
- ☐ 좌석 외 불필요한 이동 자제하기
- ☐ 내부에서 음식 섭취 자제하기

출입국

- ☐ 공항과 기내에서 방역 수칙 준수하기
- ☐ 한국 입국 전 큐코드 사전 등록하기

대마 관련 유의 사항

- ☐ 태국은 대마 섭취가 합법이나 우리나라는 대마의 소지, 구입, 판매, 운반, 흡연 등의 행위를 '마약류 관리에 의한 법률'로 엄격히 처벌하고 있으니 유의하기
- ☐ 태국에서의 섭취 및 흡연도 속인주의에 따라 국내 처벌 대상임을 숙지하기
- ☐ 대마 잎사귀 그림이 있거나 Cannabis라고 적힌 제품, 가게는 접근하지 않기
- ☐ 마사지 숍, 식당에서 섭취 가능성 높으니 더욱 유의하기
- ☐ 대마 취급 점포 방문 시 "마이 떵칸 칸차"(대마 빼주세요)라고 요청하기

방역지침 확인 및 긴급상황 대처

- ☐ 여행 중 건강 상태를 수시로 확인하고 필요하면 검진받기
- ☐ 빠르게 바뀌는 현지 방역 대책은 관광청 등의 홈페이지에서 확인하기
  - 태국정부관광청 visitthailand.or.kr
- ☐ 긴급 상황이 발생하면 현지 재외공관에 연락하기
  - 주 태국 대한민국 대사관
    대표 전화(근무 시간) +66 2 481 6000
    긴급 전화(24시간) +66 81 914 5803
    영사콜센터(서울, 24시간) +82 2 3210 0404
    홈페이지 overseas.mofa.go.kr/th-ko/index.do

리얼
푸껫
끄라비 피피

여행 정보 기준

〈리얼 푸껫〉은 2023년 1월까지 수집한 정보를 바탕으로 만들었습니다.
정확한 정보를 싣고자 노력했지만, 여행 가이드북의 특성상
책에서 소개한 정보는 현지 사정에 따라 수시로 변경될 수 있습니다.
변경된 정보는 개정판에 반영해 더욱 실용적인 가이드북을 만들겠습니다.

한빛라이프 여행팀 ask_life@hanbit.co.kr

리얼 푸껫 끄라비 피피

초판 발행 2023년 3월 7일

지은이 성혜선 / **펴낸이** 김태현
총괄 임규근 / **책임편집** 고현진 / **기획·편집** 고현진, 김태관
디자인 천승훈, 이소연 / **지도** 조연경 / **일러스트** 조푸름
영업 문윤식, 조유미 / **마케팅** 신우섭, 손희정, 김지선, 박수미, 이해원 / **제작** 박성우, 김정우

펴낸곳 한빛라이프 / **주소** 서울시 서대문구 연희로2길 62 한빛빌딩
전화 02-336-7129 / **팩스** 02-325-6300
등록 2013년 11월 14일 제25100-2017-000059호
ISBN 979-11-90846-57-8 14980, 979-11-85933-52-8 14980(세트)

한빛라이프는 한빛미디어(주)의 실용 브랜드로 우리의 일상을 환히 비추는 책을 펴냅니다.

이 책에 대한 의견이나 오탈자 및 잘못된 내용에 대한 수정 정보는 한빛미디어(주)의 홈페이지나 아래 이메일로
알려주십시오. 잘못된 책은 구입하신 서점에서 교환해 드립니다. 책값은 뒤표지에 표시되어 있습니다.

한빛미디어 홈페이지 www.hanbit.co.kr / 이메일 ask_life@hanbit.co.kr
페이스북 facebook.com/goodtipstoknow / 포스트 post.naver.com/hanbitstory

지금 하지 않으면 할 수 없는 일이 있습니다.
책으로 펴내고 싶은 아이디어나 원고를 메일(writer@hanbit.co.kr)로 보내주세요.
한빛라이프는 여러분의 소중한 경험과 지식을 기다리고 있습니다.

푸껫을 가장 멋지게 여행하는 방법

리얼
푸
껫

끄라비 피피

성혜선 지음

H3 한빛라이프

코로나 이전, 한 10년쯤은 정신없이 온 세계를 누비며 여행을 다녔습니다. 유럽에서 한국 스톱오버, 또다시 출국, 이런 숨 가쁜 일정도 어딘가로 떠날 수만 있다면 마다하지 않던 열혈 여행자였죠. 그런데 여행을 다니다 보니 여행 스타일도 조금씩 바뀌기 시작했습니다. 이제는 여러 나라를 바쁘게 다니는 것보다 마음에 드는 한 곳에서 짧게라도 살아보는 여행을 선호하게 되었습니다. 유럽 석 달 살기, 태국 한 달 살기처럼 여행 기간이 길어지기 시작했고, 그 시간 동안 현지 문화에 빠져들고, 친구들을 사귀게 되고, 소소한 사고와 문제들도 마주했습니다. 그렇게 여행이 일상으로 변하는 과정을 즐기다 보니 어느새 여행지가 아니라 제2의 고향처럼 느껴졌습니다.

그렇게 빠져들었던 곳 중 하나가 바로 태국의 푸껫입니다. 사실 여행지도 유행을 타기 때문에 푸껫은 예전에 인기 있던 동남아 휴양지, 옛날에 많이 갔던 신혼여행지처럼 과거의 영광만 남은 곳으로 입에 오르곤 합니다. 하지만 여전히 세계적으로 많은 관광객이 찾는다는 건 그만큼의 매력이 있다는 방증 아닐까요. 우선순위에서 잠시 밀렸을 뿐, 충분히 가볼 만한 가치가 있는 곳이고 한 번만 가기엔 또 아쉬움이 남는 여행지라 푸껫의 매력을 널리 널리 알리고 싶어 책을 준비했습니다.

아름다운 바다와 합리적인 가격대의 다양한 숙박시설, 언제든 쉽게 접할 수 있는 해양 액티비티, 푸껫에서만 즐길 수 있는 각종 쇼, 밤을 잊은 그대들을 위한 나이트라이프까지! 힐링, 휴양에 재미까지 더할 수 있는 곳이라 좀 더 많은 사람들이 찾아주길 바라는 마음입니다.

푸껫 여행을 하다 보니 피피가 눈에 들어오고, 피피를 넣었더니 끄라비가 아쉬워 이번 책에선 두 곳의 여행 정보도 최대한 수록했어요. 하나라도 더 유익한 정보를 넣기 위해 온몸에 땀을 뒤집어쓰며 푸껫과 끄라비를 누볐습니다. 부디 이 책과 함께 여행하시는 분들에게 조금이나마 보탬이 되었으면 좋겠습니다. 푸껫을 향한 사랑과 마음을 듬뿍 담았으니 부디 그 애정만큼 편안하고 행복한 여행하시길 바랍니다.

코로나19 때문에 3년이나 지체된 가이드북 출간을 누구보다 기다리고 있는 가족들, 푸껫 여행 계획도 없으면서 책 나오자마자 당장 결제한다고 준비하고 있는 지인들, 그리고 푸껫 현지 꿀 정보를 많이 알려주신 토닉탱크 미야 강사님께 감사의 말을 전하고 싶습니다.

푸껫 러버의 친절한 안내서

성혜선   여행 같은 일상, 일상 같은 여행을 꿈꾸는 역마살 가득한 방랑자. 나름 안정적이었던 대기업 엔지니어를 때려치우고 10년째 세계 곳곳을 여행하며 네이버 블로그 '방랑일기'를 운영하고 있다. 좋아하는 일을 하는 지금 이 순간이 가장 행복하다. 블로그와 인스타그램을 통해서도 푸껫 여행 정보를 기록하고 있다.

블로그 blog.naver.com/diary_travelssun
인스타그램 @sunghyesun   이메일 s1h25s@naver.com

일러두기

- 이 책은 2023년 1월까지 취재한 정보를 바탕으로 만들었습니다. 정확한 정보를 싣고자 노력했지만, 여행 가이드북의 특성상 책에서 소개한 정보는 현지 사정에 따라 수시로 변경될 수 있습니다. 여행을 떠나기 직전에 한 번 더 확인하시기 바라며 변경된 정보는 개정판에 반영해 더욱 실용적인 가이드북을 만들겠습니다.

- 태국어의 한글 표기는 국립국어원의 외래어 표기법을 기준으로 표기했습니다. 정확한 발음 표기가 어려운 태국어 특성상 실제 현지 발음과 다를 수 있음을 미리 알립니다. 그 외 영어 및 기타 언어의 경우도 국립국어원의 외래어 표기법에 따랐습니다.

- 차량 및 도보 이동 시의 소요 시간은 대략적으로 적었으며 현지 사정에 따라 달라질 수 있으니 참고용으로 확인해 주시기 바랍니다.

- 전화번호의 경우 국가 번호와 '0'을 제외한 지역 번호를 넣어 +66 76 123 456의 형태로 표기하고 있습니다. 이처럼 국가 번호와 지역 번호 사이를 공백으로 만들어 구글 맵스에 검색하면 손쉽게 해당 장소의 위치를 알 수 있습니다.

- 이 책에 수록된 지도는 기본적으로 북쪽이 위를 향하는 정방향으로 되어 있습니다. 정방향이 아닌 경우 별도의 방위 표시가 있습니다.

주요 기호

🏃 가는 방법	📍 주소	🕐 운영 시간	❌ 휴무일	฿ 요금
📞 전화번호	🏠 홈페이지	✈ 공항	🚶 명소	🍴 맛집
☕ 카페	🍸 나이트라이프	💆 마사지	🛌 숙소	🛍 상점

구글 맵스 QR코드

각 지도에 담긴 QR코드를 스캔하면 소개된 장소들의 위치가 표시된 구글 지도를 스마트폰에서 볼 수 있습니다. '지도 앱으로 보기'를 선택하고 구글 맵스 앱으로 연결하면 거리 탐색, 경로 찾기 등을 더욱 편하게 이용할 수 있습니다. 앱을 닫은 후 지도를 다시 보려면 구글 맵스 애플리케이션 하단의 '저장됨' - '지도로 이동해 원하는 지도명을 선택합니다.

Contents

PART 1

한눈에 보는
푸껫

PART 2

푸껫을 가장 멋지게
여행하는 방법

PART 3

진짜 푸껫을
만나는 시간

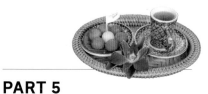

PART 4

진짜 끄라비, 피피를 만나는 시간

PART 5

푸껫에서 바로 통하는 여행 준비

한눈에
보는
푸껫

이토록 가까운 푸껫

푸껫

푸껫 ↔ 끄라비

🚌 버스 3시간30분

🚢 페리 2~3시간

🚤 스피드보트 1시간 30분

푸껫 ↔ 피피

🚤 스피드보트 1시간

🚢 페리 2시간

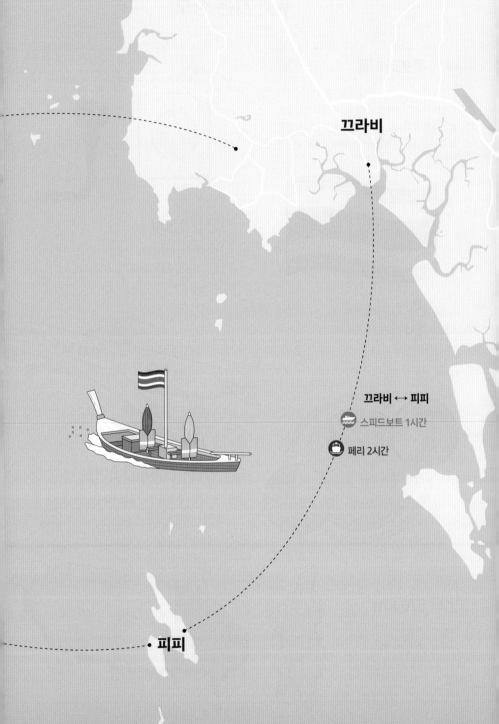

끄라비

끄라비 ↔ 피피
스피드보트 1시간
페리 2시간

피피

푸껫 기본 정보

국기 통뜨라이롱

빨간색, 흰색, 파란색 3가지 색이 5열로 이루어져 있다. 빨간색은 국민, 흰색은 태국의 건국 신화와 관련이 있는 불교의 흰 코끼리를, 파란색은 국왕과 왕실을 상징한다. 즉, 불교 정신을 바탕으로 국민들이 왕실을 수호한다는 의미다.

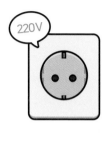

전압 220V

우리나라와 같은 220V 전압을 사용하고 콘센트 모양도 같기 때문에 어댑터를 챙겨갈 필요가 없다.

시차 2시간

한국보다 2시간 느리다. 한국이 오후 5시라면 태국은 오후 3시.

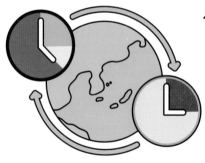

비행시간 6시간 30분

인천에서 푸껫까지의 직항편 비행시간은 6시간 30분 내외다.

면적 576 km^2

푸껫섬의 면적은 576 km^{2}로 태국에서 가장 큰 섬이다. 제주도의 1/3 정도의 면적이다.

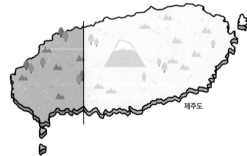

푸껫섬

제주도

화폐 바트(THB)

태국 통화는 바트(THB). 20, 50, 100, 500, 1000바트 지폐, 1, 2, 5, 10바트 동전이 있다. 주로 20, 50, 100바트 지폐를 많이 사용한다. 팁이나 잔돈을 내야 할 때가 많으니 해당 단위 지폐는 늘 준비해 두는 것이 좋다.

인구 약 38만 명

푸껫의 인구는 약 38만 명. 우리나라 세종시의 인구와 비슷한 숫자다.

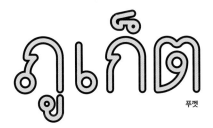

푸껫

언어 태국어

태국어는 발음과 표기 모두 외국인에게 어렵고 생소해 배우기 힘든 언어다. 하지만 세계적인 관광 대국답게 주요 관광지, 호텔, 식당 등 웬만한 곳에서 영어가 잘 통하는 편.

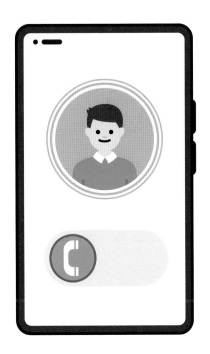

전화 태국 국가 번호 +66

· 대한민국 국가 번호 +82
· 푸껫 지역 번호 76

비상전화

· 사건사고 신고 191
· 화재신고 199
· 관광경찰 1155
· 긴급 의료지원 요청 +82 2 207 6000
· 교통사고 신고 1669

주 태국 대한민국 대사관

· 일반 전화(업무 시간) +66 2 481 6000
· 긴급 전화(24시간) +66 81 914 5803
· 영사콜센터(서울, 24시간) +82 2 3210 0404
· 재태한인회 +66 2 258 0331

숫자로 보는 푸껫

 **862** km

 **50** km

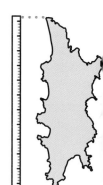

방콕과의 거리
태국의 수도 방콕에서 남쪽으로 862킬로미터 떨어진
인도양의 안다만해에 위치한다. 방콕에서 항공편으로
1시간 20분, 버스로는 14시간 정도 소요된다.

푸껫 섬의 길이
푸껫은 세로로 긴 섬으로
너비의 약 2.5배인
50킬로미터에 달한다.

70 %

산지 비율
푸껫의 지명은 '산'이란 뜻의 말레이어 '부킷(Bukit)'에서 유래했다.
실제로 섬의 70%가 산이나 구릉으로 이루어져 있다.

 **54** 개

푸껫 모스크의 개수
말레이시아의 영향을 받아 무슬림 인구가 많은
푸껫의 모스크는 54개로 이는 불교 사원보다 많은 숫자다.

660 m

120,000개

푸껫 객실 수

푸껫에서 운영 중인 숙박업소의 객실 수는 약 120,000개로
방콕 다음으로 많다.

10,666,178명

푸껫 입국자 수

2019년 푸껫 공항의 입국자 수는 10,666,178명. 역사상 가장 많은 숫자로
서울 인구보다 많은 사람이 푸껫에 방문했다.
2022년 10월까지의 푸껫 입국자 수는 약 95만 명이다.

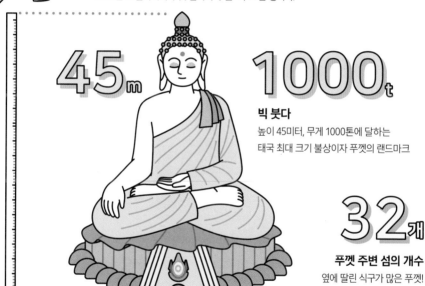

45m   1000t

빅 붓다

높이 45미터, 무게 1000톤에 달하는
태국 최대 크기 불상이자 푸껫의 랜드마크

32개

푸껫 주변 섬의 개수

옆에 딸린 식구가 많은 푸껫!
푸껫섬 주변 섬의 개수는 32개

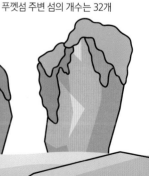

사라신 다리

푸껫섬과 육지를 연결하는 사라신 다리는 1967년에
완공되었고 길이는 약 660미터로
서강 대교의 절반 정도다.

푸껫 여행 캘린더

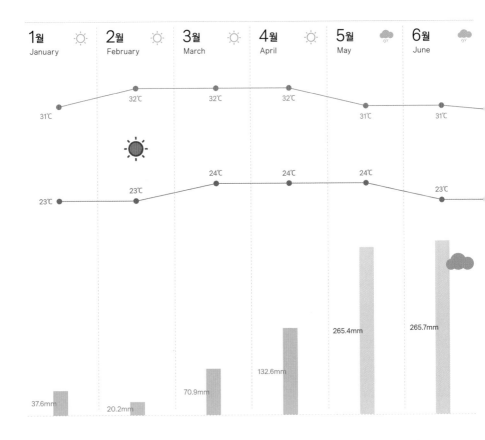

| 1월 January | ☀ | 2월 February | ☀ | 3월 March | ☀ | 4월 April | ☀ | 5월 May | 🌧 | 6월 June | 🌧 |

31℃ · 32℃ · 32℃ · 32℃ · 31℃ · 31℃

24℃ · 24℃ · 24℃

23℃ · 23℃ · 23℃

37.6mm · 20.2mm · 70.9mm · 132.6mm · 265.4mm · 265.7mm

건기 11~4월

건기는 11월에서 4월까지로 강수량이 적고 대체로 맑은 날이 지속된다. 시원하고 건조한 북동 몬순(계절풍)이 불어오는 11~2월을 푸껫의 겨울로 볼 수 있는데 최저 기온이 20도를 웃돌아 우리 기준으로는 초여름 정도로 생각하면 된다.

건기 여행 계획하기

성수기 시즌에 여행을 떠나려면 항공권, 호텔 등을 미리 준비하는 게 좋다. 체감온도는 실제 기온보다 훨씬 높으니 선크림, 선글라스, 손 선풍기, 모자 등을 챙길 것!

우기 5~10월

우기는 5월에서 10월까지로 5월부터 강수량이 점차 증가해 9~10월에 가장 많은 비가 내린다. 대부분 스콜(열대성 소나기)로 내렸다 그치기를 반복하기 때문에 우기라고 해서 한국의 장마를 생각할 필요는 없다. 바다에 이안류(해류가 끌려 나가고, 소용돌이치는 현상)가 발생하기 때문에 물놀이할 때 바다의 상황도 잘 고려해야 한다.

우기 여행 계획하기

푸껫 여행의 비수기 시즌이라 항공권 및 호텔 가격이 저렴하다. 야외 활동에 제한이 많아 호캉스 위주로 여행을 계획하는 것이 바람직하다.

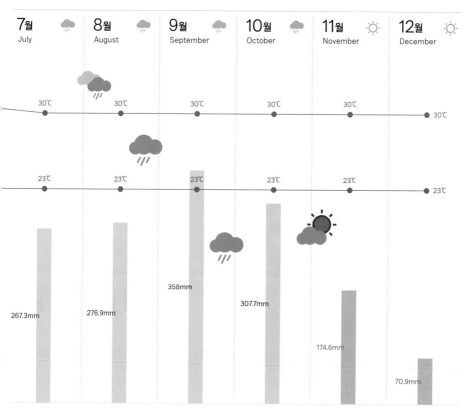

| | 건기 | | 우기 | | | | | 최고기온 | 최저기온 | 강우량 |

7월 ☔ **8월** ☔ **9월** ☔ **10월** ☔ **11월** ☀ **12월** ☀
July　　August　　September　　October　　November　　December

30℃　　30℃　　30℃　　30℃　　30℃　　　　　30℃

23℃　　23℃　　23℃　　23℃　　23℃　　　　　23℃

267.3mm　276.9mm　358mm　307.7mm　174.6mm　70.9mm

푸껫 여행의 최적기　　11~2월

① 11~2월(건기, 쾌적한 날씨)
② 3~4월(건기, 무더위 최고조)
③ 5~10월(우기)

1년 내내 온화한 날씨라 푸껫 여행은 기온보다 강수에 더 큰 영향을 받는다. 기본적으로 건기인 11~4월까지가 우기에 비해 여행하기 좋은 시기인데, 3, 4월은 기온과 습도가 높아 여행하기 힘들고 11~2월에 떠나는 게 가장 좋다. 하지만 우기라고 내내 비가 오는 건 아니고 항공권, 호텔 가격이 저렴해 일장일단이 있다.

태국의 공휴일

태국의 공휴일에는 왕실 관련 주요 행사가 열려 사원 입장이 제한되거나 주류 판매가 금지된다.

· **1월 1일** 신정 · **음력 3월 15일** 만불전(석가모니가 열반한 날)
· **4월 6일** 차크리 왕조 기념일
· **4월 13~15일** 설날(태국의 전통 설, 송끄란)
· **5월 4일** 라마 10세 국왕 즉위 기념일
· **음력 6월 15일** 석가탄신일
· **7월 28일** 국왕 라마 10세의 생일
· **음력 8월 15일** 삼보절(석가모니의 최초 설법일)
· **10월 13일** 라마 9세 서거일　 · **11월** 러이끄라통
· **12월 5일** 아버지의 날　 · **12월 10일** 제헌절

019

01

푸껫 관광, 문화 중심지

빠똥 비치 ▶ P.112

02

푸껫 최대의 복합 문화 공간

정실론 ▶ P.114

05

푸껫 최고의 일몰

프롬텝 케이프 ▶ P.200

푸껫
MUST SEE

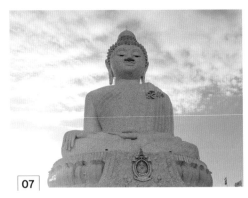

07

태국 최대의 불상, 푸껫의 랜드마크

빅 붓다 ▶ P.197

08

푸껫에서 가장 크고 화려한 사원

왓찰롱 ▶ P.198

일몰이 가장 아름다운 바다
까따 비치 ▸ P.142

열정적인 푸껫의 밤
방라 로드 ▸ P.120

> "
> 아름다운 섬과 바다, 역사적 명소 등
> 볼거리가 넘쳐나는 관광의 천국, 푸껫.
> 푸껫에 왔다면 꼭 봐야 할 관광지
> BEST 10을 엄선해보았다.
> "

까론, 까따 비치의 해안선을 한눈에!
까론 뷰포인트 ▸ P.199

과거와 현재가 어우러진 일요일 시장
선데이 마켓 ▸ P.169

눈을 뗄 수 없는 화려한 공연
푸껫 판타시 ▸ P.050

01

푸껫 바다를 제대로 즐기는 방법

해양 액티비티 ▸P.038

02

경이로운 해양 생태계 탐험

스쿠버 다이빙 ▸P.040

05

일몰과 함께 즐기는 맥주 한잔

푸껫 전망 맛집 ▸P.030

푸껫
MUST DO

07

신선한 해산물 마음껏 먹기

시푸드 레스토랑 ▸P.077

08

바다와 함께 로맨틱한 식사

바다 전망 레스토랑 ▸P.080

배를 타고 떠나는 지상 낙원 탐험
섬 투어 ▶P.034

푸껫의 전망을 한눈에
푸껫 추천 뷰포인트 ▶P.028

> 66
>
> 알고 보면 볼거리보다
> 놀 거리가 훨씬 많은 곳이 바로 푸껫!
> 무엇을 해야 할지 머리 아픈 당신을 위해
> 꼭 해야 할 열 가지를 뽑았다.
>
> 99

럭셔리 풀 빌라부터 리조트까지
푸껫 추천 숙소 ▶P.058

몸과 마음을 시원하게 풀어주는
마사지 & 스파 ▶P.054

낮보다 화려한 푸껫의 밤
나이트 라이프 ▶P.052

푸껫 역사 문화 키워드

푸껫의 유래

지금의 푸껫이란 지명은 산, 언덕을 의미하는 말레이어 부킷(Bukit)에서 유래되었다. 실제로 푸껫은 서쪽의 해변가를 제외하면 면적의 70%가 산이나 언덕으로 이루어져 있다. 과거 유럽의 지도에는 푸껫을 정크 실론(Junk Ceylon)이라고 표기했는데 시간이 지나면서 정실론이라고 부르게 되었다. 빠똥의 대형 쇼핑몰 정실론이 푸껫의 이 지명에서 온 것이다.

쿤 자매

푸껫의 역사에서 빼놓을 수 없는 기록이 바로 버마와의 전쟁과 전쟁 영웅 쿤 자매다. 버마 군대가 침공했을 당시 푸껫 방위군의 사령관이 죽자 그의 아내 쿤얀과 여동생 쿤묵이 지역 주민들과 함께 힘을 합쳐 버마 군의 공격을 막았다. 이 두 자매는 라마 1세로부터 귀족 호칭을 받았고 공항에서 푸껫 타운 방향으로 가는 도로에 영웅 자매 동상을 세워 그 공을 지금도 기리고 있다.

차오레

말레이시아와 가까운 섬인 푸껫, 최초 원주민은 말레이족과 섬들을 돌며 물고기, 조개류 등을 채집해 생활을 영위하던 바다 집시, 차오레(Chao Leh)다. 그 당시부터 푸껫은 말레이시아와 교류하기 시작했고, 말레이 문화가 많이 섞여들었다. 그래서 불교도가 대부분인 태국 내륙과는 달리 푸껫의 무슬림 비율은 30% 가까이 된다. 차오레의 후손들도 여전히 섬 곳곳에서 살고 있지만, 바다 집시의 특징은 점점 사라지고 있다.

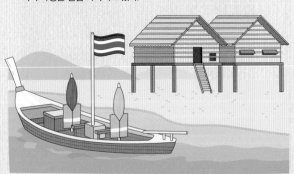

쓰나미

2004년 12월 26일, 인도네시아 수마트라섬에 규모 9.1의 강진이 발생했다. 이 지진으로 시작된 쓰나미는 30분 만에 해안을 덮쳐 250여 명이 사망했고, 근처 카오락에선 수천 명의 사상자가 발생했다. 현재까지도 쓰나미로 인한 희생자들을 추모하는 곳들이 남아 있으며, 다시는 이런 피해가 없길 바라는 염원을 담아 빅 붓다를 세웠다.

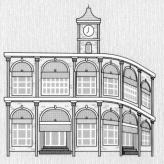

시노 포르투기스(Sino-Portuguese)

중국을 의미하는 라틴어 시노(Sino)와 '포르투갈의'라는 뜻의 영단어, 포르투기스(Portuguese)가 합쳐진 말로 중국과 포르투갈 양식이 혼합된 건축 양식을 의미한다. 포르투갈인이 푸껫에 거주하면서 발달했다고 알려져 있으나 이는 명확하지 않다. 오히려 페낭 건축 양식의 효시가 된 싱가포르 개척자, 영국 출신의 스탬포드 래플스에 의해 도입된 스타일에 가까워 시노 잉글리시 양식으로 봐야 한다는 역사학자도 많다. 과정이 어찌 되었든 중국, 말레이시아, 포르투갈, 영국 건축 양식이 두루두루 혼재된 건축물들은 지금의 푸껫 타운을 더욱 특별하게 만들어 준다.

주석 광산

17세기부터 주석 광산이 개발되면서 아시아 무역을 주도하는 유럽의 무역상들과 일을 하기 위해 중국 화교가 많이 이주했다. 이때 이주한 중국인과 후손들 중 상당수가 푸껫에 계속 정착해 부를 축척했고 지금도 많은 분야에서 두각을 나타내고 있다. 이들의 종교, 문화, 음식 등은 푸껫 곳곳에 스며 들어 어디에서나 문화가 혼합된 이곳만의 개성을 만날 수 있다. 이렇게 푸껫의 역사, 문화를 뒤바꿔 놓은 주석 광산은 1992년을 끝으로 모두 문을 닫았고, 수많은 광산은 골프장, 리조트 부지 등 알짜 관광지로 바뀌었다.

세계적인 휴양지

1967년 육지와 연결되는 사라신 다리가 완공되고 1970년대 푸껫 국제공항이 문을 열면서 휴양지로서의 개발이 본격화되었다. 방타오 비치의 라구나 단지가 조성되고 빠똥 지역에도 고급 리조트들이 들어섰다. 1985년, 5만 명 이상의 푸껫 주민들이 모여 마지막 주석 제련소를 불태웠고, 1992년 주석 광산은 역사 속으로 사라졌다. 광산이 있던 자리는 세계적인 골프장으로 개발되어 많은 사람이 골프 투어를 위해 찾는 명소가 되었다.

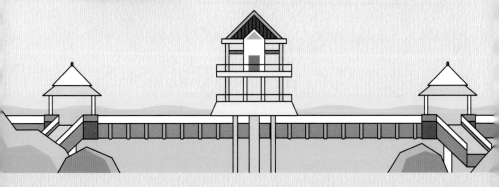

PART 2

푸껫을
가장 멋지게
여행하는
방법

아름다운 푸껫을 한눈에 담아내다
추천 뷰포인트

푸껫섬은 산지 면적이 70%에 달해 해변을 조금만 벗어나면 굽이굽이 경사진 산세가 나타난다.
덕분에 산자락을 따라 전망 좋은 뷰포인트가 많이 생겼고 푸껫 여행의 필수 코스가 되었다.
그중에서도 꼭 가봐야 할 푸껫의 대표 뷰포인트를 여기 엄선해 보았다.

까론 뷰포인트 Karon ViewPoint

까론 뷰포인트는 까따 비치에서 차량으로 10분이면 갈
수 있는 전망대로, 전망대에 오르면 까론, 까따 비치까지
이어지는 해안선과 안다만해의 풍경이 눈앞에 펼쳐진다.
푸껫 남부로 향하는 길 중간에 있어 프롬텝으로 가는 길
에 들르기도 좋다. ▶ 푸껫 남부 P.199

프롬텝 케이프 Promthep Cape

푸껫에서 가장 아름다운 노을을 만날 수 있는 프롬텝 뷰포인트. 그래서 '해 지는 언덕'이라고도 불린다. 섬의 최남단이라 관광지와는 조금 멀지만 일몰을 보기 위해 방문하는 사람이 많다. 현지인의 데이트 코스로도 인기일 만큼 검증된 전망대.

▶ 푸껫 남부 P.200

윈드밀 뷰포인트 Windmill ViewPoint

나이한, 야누이 비치가 내려다보이는 언덕 위에 자리한 윈드밀 뷰포인트. 바람이 강하게 부는 곳이라 풍력 발전기들이 세워져 있다. 프롬텝 케이프에서 가까우며 좀 더 여유롭게 아름다운 해넘이를 감상할 수 있다.

음식보다 분위기가
더 맛있는
푸껫
전망 맛집

푸껫에도 멋진 전망은 기본이고
독특하고 고유한 감성까지 더한
공간이 많이 생겨나고 있다.
아쉽게도 이런 곳은
대체로 산속에 있어 시간을 내어
찾아가야 하지만, 방문한다면
아름다운 전경과 함께 느긋하게
휴식할 수 있다.

뷰 카페 앳 푸껫 View Cafe at Phuket

한적한 산 중턱에 자리한 뷰 카페 앳 푸껫. 카페 야외 테이블에 자리를
잡으면 찰롱과 푸껫 타운의 풍경이 파노라마로 펼쳐진다. 탁 트인 배경
과 함께 인생 사진도 남기고 밤에는 멋진 야경까지! 기분 전환으로 드라
이브 삼아 다녀오기도 좋다. ▶푸껫 남부 P.210

헤븐 레스토랑 & 바
Heaven Restaurant & Bar

까론 뷰포인트 바로 근처에 위치
한 헤븐. 호텔과 레스토랑, 바를
함께 운영하고 있다. 야외 덱에
자리를 잡으면 탁 트인 까론, 까
따 비치가 한눈에 보인다. 전망대
대신 이곳에 편히 자리를 잡고 아
름다운 푸껫의 해넘이를 감상해
도 좋다. ▶푸껫 남부 P.209

쓰리 몽키스 레스토랑 Three Monkeys Restaurant

집라인 등 다양한 액티비티를 즐길 수 있는 하누만 월드(P.044) 안쪽에 위치한 쓰리 몽키스 레스토랑. 야자수 나무와 잎으로 만든 자연 친화적인 건물이 매우 인상적이며 주변에 열대 식물이 가득해 이국적이고 싱그러운 분위기다. 바다 대신 숲에서 힐링하고 싶을 땐 바로 여기!

마두부아 푸껫 Ma Doo Bua Phuket

지금 푸껫 방문객의 SNS에서 가장 핫한 카페 마두부아. 탁 트인 카페 내부의 연못 위에는 동그란 연잎이 가득해 특별한 분위기를 연출한다. 호수를 배경으로 인증 사진을 찍으러 오는 푸껫 현지 젊은이가 특히 많다. ▶푸껫 북부 P.222

🚶

안다만해를 물들이는 핑크빛 마법

푸껫의 석양 즐기기

01

01

까따 비치 Kata Beach

물빛 고운 맑은 바다, 부드러운 모래사장, 알록달록 세워진 파라솔. 거기에 번잡하지 않고 조용한 까따 비치는 아름다운 석양을 감상하기에 최적의 장소다. 특히 까따 비치 북쪽 끝에 있는 아담한 섬과 롱테일 보트가 있는 풍경은 일몰이면 한 폭의 그림이 된다.

▶까따, 까론 P.142

푸껫은 남북으로 긴 섬으로, 서쪽을 따라 이어진 해변에서 아름다운 석양을 만날 수 있다.
날씨와 계절, 구름의 유무, 일몰을 감상하는 위치에 따라 각기 다른 빛깔의 노을이 그려지니
오직 그 순간, 그곳에서만 만날 수 있는 핑크빛 마법에 흠뻑 빠져 보자.

01

03

일몰의 섬 푸껫의
선셋 포인트
Best 03

01

02

프롬텝 케이프 Promthep Cape

아름다운 노을 때문에 '해 지는 언덕'이라고 불리
는 프롬텝 케이프. 육지에서 바다를 향해 돌출된
푸껫 최남단에서 남쪽 바다의 탁 트인 전망을 파노
라마로 만날 수 있다. ▶푸껫 남부 P.200

03

까론 비치 Karon Beach

모래사장을 따라 늘어선 거대한 야자수 너머, 바
다가 황금빛으로 물드는 해 질 녘엔 까론 비치만의
몽환적인 분위기가 느껴진다.
▶까따, 까론 P.146

푸껫과는 다른 아름다움

근교 섬 투어

푸껫섬 외에도 주변에 가볼 만한 크고 작은 섬이 많다. 스피드보트로 20분 이내로 갈 수 있는
까이섬부터 좀 더 멀리 라차섬, 피피섬까지 다양하다.
대부분 반일, 일일 투어를 통해 갈 수 있으니 하루쯤은 섬 투어를 꼭 떠나 보자.

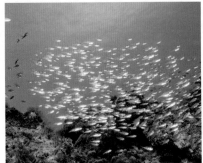

라차섬

에메랄드 물빛이 아름다운 라차섬은 푸껫의 몰디브라 불린다. 라차야이, 라차노
이 두 곳으로 나뉘는데 주로 스노클링과 다이빙을 하는 곳은 라차야이다. 바다
가 맑고 투명해 스노클링하기 알맞으며, 곳곳에 다이빙 포인트도 많다. 보통은
투어를 이용해 반일이나 하루 정도 다녀오지만 섬을 차근하게 즐기고 싶다면 라
차섬의 숙소를 이용하면 된다.

라차섬 일일 투어
클룩 🚶 픽업 서비스 제공(유료)
฿ 어른(12세 이상) 45,000원,
어린이(4~11세) 37,500원

팡아만 국립 공원

제임스 본드섬이 있는 팡아만 국립 공원. 섬의 원래 이름은 '꼬타푸(Koh Tapu)'
인데 영화 007시리즈 <황금 총을 가진 사나이>에 등장한 이후부터 제임스 본드
섬으로 불린다. 에메랄드빛 바다 위에 우뚝 솟은 독특한 모양의 기암괴석이 인상
적이다. 국립 공원 내에는 카약으로 유명한 홍섬, 동굴을 볼 수 있는 파낙섬과 맹
그로브 숲 등 다양한 볼거리, 즐길 거리가 있다.

> **팡아만 스피드보트 일일 투어**
> **클룩** 🚶 픽업 서비스 제공(무료)
> ฿ 어른(12세 이상) 120,000원,
> 어린이(4~11세) 94,000원

피피섬

영화 <더 비치>에서 레오나르도 디카프리오가 찾던 마지막 지상 낙원, 피피섬.
아름다운 해변과 잘 보존된 해양 생태계, 동굴, 기암괴석 등 천혜의 자연 절경이
많아 푸껫 섬 투어 중에서도 가장 인기가 많다. 피피돈, 피피레 주변의 여러 섬을
돌아보고 수영과 스노클링을 즐길 수 있다. 한동안 폐쇄되었던 마야 베이도 다
시 개방되었으니 놓치지 말 것! ▶피피 P.251

> **피피섬, 카이섬 일일 투어**
> **클룩** 🚶 픽업 서비스 제공(유료)
> ฿ 어른(12세 이상) 67,900원,
> 어린이(4~11세) 50,000원

시밀란 군도

말레이어로 9를 뜻하는 시밀란. 시밀란 군도라는 이름은 말 그대로 9개의 섬이 모여 있다는 뜻이다. 1982년 태국 국립 공원으로 지정되었고, 이후 1988년에 꼬본과 꼬타차이까지 시밀란 국립 공원에 포함되어 지금은 총 11개의 섬이 모여 시밀란 군도를 이루고 있다. 시밀란의 자연 경관은 전 세계에 아름답기로 이름났는데, 특히 해안부터 깊은 해저까지 이어지는 산호초는 천혜의 아름다움과 매력으로 세계 10대 산호초로 선정되었다. 태국 정부는 이러한 해양 생태계를 보호하기 위해 1년에 6개월만 섬을 개방하고 있다. 꼬본과 꼬타차이를 뺀 9개의 섬은 각자 고유의 이름보다는 섬의 번호로 더 많이 불리는데 가장 남쪽에 있는 섬이 1번이고 북쪽으로 갈수록 숫자가 올라간다. 그중 4번, 8번 섬은 입도가 가능해 섬을 돌아보거나 스노클링을 즐길 수 있다.

시밀란 군도는 10대 다이빙 포인트로 손꼽히는 곳으로 잘 보존된 형형색색의 산호와 다양한 수중 생물을 볼 수 있다. 그래서 국립 공원의 개방 시기가 되면 배에서 숙식하며 다이빙을 즐기는 리브어보드(Liveaboard) 투어를 떠나러 전 세계에서 다이버들이 찾아온다. 시밀란 군도까지는 푸껫에서 스피드보트로 1시간 반 정도 거리라 당일 투어로도 다녀올 수 있다. 하지만 다녀온 뒤에도 아쉬움이 남는다면 푸껫 다이빙 업체에서 운영 중인 리브어보드 투어에 참여하길 권한다.

시밀란 8번섬

> ### 시밀란 군도 일일 투어
>
> 핵심 지점을 골라 방문하며 스노클링을 즐기는 호핑 투어 상품이 많다. 시밀란 개방 시기에 푸껫을 찾는다면 투어를 이용해서 국립 공원의 생태계를 탐험해 보자.
>
> **와그**
> 🏃 픽업 서비스 제공
> ฿ 2,500바트(국립 공원 입장료, 장비 대여료 포함) ⏱ 06:00~15:30

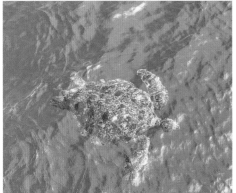

리브어보드 투어 Liveaboard

배에서 생활하며 항해 내내 바닷속을 탐험하는 리브어보드 투어. 4박 5일부터 길면 열흘까지도 배 위에 있는 투어라 배의 종류, 기간, 시기, 룸 타입 등 조건에 따라 가격이 달라진다. 시세 변동이 크기 때문에 정확한 가격을 알아보려면 업체에 문의해야 한다. 예약 역시 업체와 직접 연락을 통해 진행하는 경우가 대부분이다.

투어 예약 사이트
• 리브어보드 닷컴 liveaboard.com
• 버블버블 다이브 bubblebubbledive.com
• 토닉 탱크 tonictank.com
• 다이브 트래블 divetravel.co.kr

푸껫 바다를 제대로 즐기려면 필수!

해양 액티비티

01 서핑

푸껫에서 가장 쉽게 접근 가능한 액티비티는 서핑! 해변 곳곳에 있는 렌털 숍에서 장비를 대여하고 강습도 한다. 대여료는 1시간에 200바트 정도이고, 강습료는 1시간에 800~1,000바트 정도다. 파도가 강해지는 우기 시즌이 서핑하기 가장 좋으며, 까따 일대가 서퍼의 천국으로 알려져 있다. 서핑 대회가 자주 열릴 정도로 열정이 넘치는 곳이니 푸껫에 가면 꼭 서핑에 도전해 보자.

02 파라세일

특수 낙하산을 메고 달리는 보트에 매달려 하늘로 날아오르는 레저, 파라세일. 하늘을 날며 아름다운 바다와 주변 풍광을 볼 수 있다. 빠똥, 까론, 까따 비치 등에서 할 수 있으며, 특히 하늘에서 석양을 마주하는 일몰 때가 가장 인기가 많다. 15~20분 정도 탑승하는데, 요금은 약 1,500바트다.

바라만 봐도 좋은 아름다운 푸껫의 바다. 하지만 직접 들어가 수영도 하고 다양한 액티비티를 즐기면 더 큰 매력에 빠지게 된다. 누구나 쉽게 즐길 만한 해양 액티비티가 어느 해변이든 준비되어 있다. 해양 액티비티의 첫발을 푸껫에서 떼보는 것은 어떨까?

03 패들 보드

보드 위에 서서 노를 젓는 레포츠로 서핑에 비해 쉽고 안정적이라 초보자도 편하게 배울 수 있다. 물빛 고운 바다 한가운데 서서 바라보는 풍경이 일품이다. 서핑 숍에서 패들 보드를 함께 대여하기도 한다.

04 제트스키

익사이팅한 액티비티를 즐기는 여행자라면, 제트스키를 추천한다. 최대 2인까지 함께 탑승할 수 있으며 혼자 탈 경우 직원이 함께 동승해 주기도 한다. 운행 중엔 늘 안전에 주의를 기울여야 한다.

05 카약

푸껫 본섬보다는 주변 섬에서 더욱 많이 볼 수 있는 카약. 2인이 함께 탑승해 노를 저으며 뱃놀이를 즐긴다. 카약을 타고 조금만 나가도 해변에서보다 맑고 고운 바다를 만날 수 있다. 각자의 속도대로 여유롭게 즐길 수 있다는 것도 장점이다.

바닷속 또 다른 세상을 탐험하다
스쿠버 다이빙

푸껫 바다는 멀리서 바라봐도 아름답지만 바닷속으로 들어가면 더 큰 매력을 느낄 수 있다.
세계적으로도 손꼽을 만큼 다양한 산호와 해양 생물이 서식하며
연중 바닷물이 섭씨 30도 정도로 온화해 전 세계 다이버에게 사랑받고 있다.

스쿠버 다이빙
자격증
Q&A

Q 스쿠버 다이빙 단체가 여러 곳인가요? 서로 무슨 차이가 있나요?

A PADI, SSI, NAUI가 세계에서 가장 대표적인 단체인데, 단체에 따라 자격증 커리큘럼이나 취득 요건이 조금씩 달라요. 푸껫 다이빙 센터들이 가장 많이 속해 있는 단체는 PADI입니다.

Q 어떤 자격증을 딸 수 있나요?

A 다이빙 초급자는 오픈워터부터, 이후 심화 교육을 추가로 받으면 어드밴스드 자격증을 취득할 수 있어요. 오픈워터는 초급자를 위한 자격증으로 수심 18m까지 들어갈 수 있고, 어드밴스드 자격증을 취득하면 최대 수심 30m까지 입수가 가능해요.

Q 오픈워터와 어드밴스드의 교육 과정은 어떻게 되나요?

A 오픈워터 교육에서는 이론 교육, 제한 수역 교육, 개방 수역 다이빙 과정을 거칩니다. 이때, 마스크 물 빼기, 중성 부력 조절, 장비 탈부착, 위급 시 대처법 등의 기본적인 기술을 배워요. 어드밴스드 교육 과정에서는 심해 다이빙, 수중에서 나침반을 이용해 길을 찾는 내비게이션 교육 등 심화 기술 강습이 이루어집니다.

Q 자격증 취득, 얼마나 걸리죠?

A 보통 오픈워터는 2박 3일, 어드밴스드는 1박 2일 정도 소요됩니다. 하지만 다이빙 센터마다 교육 과정이 조금씩 다르고 교육생마다 개인차가 있어 기간은 달라질 수 있어요.

한국인 강사가 가르쳐 주는
푸껫
다이빙 센터
Best 03

토닉탱크

다이빙 보트를 탑승하는 찰롱 피어에서 5분 거리에 있는 토닉탱크. 전 세계 200여 나라에서 인정받는 PADI의 스쿠버 다이버 자격증 취득 교육을 받을 수 있는 곳이다. 강사 한 명 당 교육 인원이 제한되어 소규모로 꼼꼼한 지도를 받을 수 있다. 안전한 다이빙 교육을 최우선 가치로 여기기에 가능한 것! 교육생의 편의를 위해 무료 숙소를 제공하며 다이빙 시 수중 사진 및 영상까지 촬영해 주어 특별한 추억을 평생 남길 수 있다. 일정이 짧은 경우, 라차섬 1일 체험 다이빙과 같은 투어 프로그램도 신청 가능하다. 강사들 모두 여행 내공이 깊은 덕에 푸껫 여행 정보도 많이 얻어 갈 수 있다.

📍 135, 27 Patak Villa Soi 1, Chalong, Mueang Phuket District, Phuket
฿ PADI 오픈워터 15,000바트, 어드밴스드 14,000바트, 오픈워터 & 어드밴스드 28,000바트 🏠 tonictank.com

버블버블 다이브

전 세계 3,300개 SSI 다이브 센터 중 최고 등급인 다이아몬드 등급의 다이브 센터다. 하지만 다른 스쿠버 다이빙 교육 단체인 SDI, PADI의 강사도 상주하며 입문자부터 강사, 장애인 등급의 교육까지 모든 다이빙 교육이 가능해 수강생의 다양한 니즈를 만족시켜준다. 유명 다이빙 포인트로 바로 갈 수 있는 버블버블 다이브의 전용 보트가 있어 교육받는 동안 편안하게 다이빙에만 집중할 수 있다. 또, 한식과 태국 음식을 모두 제공하는 것도 장점 중 하나. 휴식 시간에 라차섬을 관광하거나 카약을 탈 수 있는 기회가 주어지기도 한다.

📍 28/120 Moo 10, Chalong, Mueang Phuket District, Phuket 🅱 PADI 오픈워터 15,000바트, 어드밴스드 14,000바트, 오픈워터 & 어드밴스드 28,000바트, SSI, SDI 오픈워터 13,000바트, 어드밴스드 13,000바트
🏠 bubblebubbledive.com

블루 다이브

2016년에 오픈한 블루 다이브는 PADI 5스타 센터로 PADI 코스 디렉터인 이민정 강사가 운영하는 곳이다. 블루 다이브는 곧 PADI 5스타 IDC 센터로 승급할 예정인데, 승급이 완료되면 다이빙의 입문인 PADI 오픈워터부터 강사 코스까지 교육할 수 있게 된다. 한국인 강사 외에도 세계 여러 나라 강사가 있어 다양한 국적의 사람들과 함께 교육받을 수 있다. 그래서 푸껫 현지에서도 글로벌한 다이브 센터로 유명하다.

📍 82/30, Soi 2, Bann Nuntawan 2, Chalong, Mueang Phuket District, Phuket 🅱 PADI 오픈워터 15,000바트, 어드밴스드 14,000바트, 오픈워터 & 어드밴스드 28,000바트, 레스큐 14,000바트, EFR 코스 6,000바트, 다이브마스터 45,000바트 🏠 bluedivecenter.co.kr

이색 액티비티

푸껫 여행을 좀 더 특별하게

집라인 어드벤처

열대 우림 사이를 가르는 짜릿함을 느끼고 싶다면, 태국에서 가장 큰 집라인 파크, 하누만 월드로 떠나자. 우거진 나무 사이에 연결된 줄을 따라 마치 타잔처럼 이동할 수 있다. 집라인 이외에도 스카이 브릿지 등 다른 어트랙션도 있어, 하루 종일 시간을 보내기에도 충분하다. 빠똥에서 차량으로 20분 정도 걸리고, 푸껫 주요 지역에서는 무료 픽업 서비스도 요청할 수 있다.

하누만 월드 Hanuman World 🚶 정실론에서 차량으로 20분 ♀ 105 Moo 4, Chaofa Rd. Wichit, Mueang Phuket District, Phuket ฿ 집라인 15분 코스 1,500바트, 30분 코스 2,200바트, 1시간 코스 2,900바트, 통합권 1시간 코스 2,490바트, 1시간 반 코스 2,990바트, 3시간 코스 3,490바트 🏠 hanumanworldphuket.com

푸껫에 왔다고 바다만 보란 법은 없다! 섬 투어, 해양 액티비티와 같은 물놀이, 뱃놀이 말고도 다양한 즐길 거리가 있다. 오직 푸껫만의 할 수 있는 이색 체험을 원하는 여행자를 위해 특별한 투어를 소개한다.

코끼리 케어 프로그램

태국에는 코끼리와 함께하는 투어가 많다. 그중 대표적으로 알려진 것이 코끼리 트레킹. 하지만 트레킹을 위해 코끼리를 길들이는 파잔(동물 학대 행위)을 거부하는 사람들이 점점 많아지고 있다. 그래서 대신 떠오르는 것이 코끼리 캠프의 케어 프로그램. 아프거나 보호받아야 하는 야생 코끼리를 돌보는 프로그램에 참여하면 더욱 의미 있고 특별한 추억을 만들 수 있다. 먹이 주기, 목욕시키기 등 다양한 활동을 함께하며 코끼리와 교감해보는 것은 어떨까?

푸껫 코끼리 보호소 반나절 투어(오전)
클룩 ☀ 정실론에서 차량 30분
📍 2/12 Moo6, Kathu, Kathu District, Phuket ⏱ 07:00~11:30 ฿ 3,000바트
🏠 elephantjunglesanctuary.com

쿠킹 클래스

전 세계에서 사랑 받는 태국 음식. 그 대표 음식을 직접 만들고 식사할 수 있는 쿠킹 클래스의 인기가 날이 갈수록 높아지고 있다. 그 인기에 맞춰 유명 레스토랑을 시작으로 현지 교육 업체, 리조트 프로그램까지 다양한 종류의 쿠킹 클래스가 있으니 일정에 맞춰 선택해 보자.

푸껫 이지 타이 쿠킹 클래스
클룩 ☀ 정실론에서 차량 35분, 라와이 비치 주변
📍 51/6 Moo.4, Soi Madsayid, Wiset Rd., Rawai, Muang,Phuket ⏱ 09:00~14:00 ฿ 성인 2200바트, 어린이(7세 이상) 900바트
🏠 phuketeasythaicooking.com

아이도 어른도
함께 즐기는
테마파크

01

02　04

01

안다만다 푸껫 Andamanda Phuket

2022년 5월에 오픈한 태국 최대 규모의 워터 파크로 태국 신화를 테마로 만들어졌다. 산호 세계, 진주 궁전, 안다만 베이, 나가 정글, 에메랄드 숲 5개의 구역으로 구분되어 있으며 12개의 슬라이드와 드넓은 파도 수영장이 있다. 한국 워터 파크에 비해 붐비지 않아 아이들과 물놀이를 즐기기 좋다.

📍 333/3 Moo 1, Kathu, Kathu district, Phuket
🕐 10:00~19:00 💲 키 122센티미터 이상 1500바트, 91~121센티미터 1000바트, 90센티미터 이하 무료
📞 +66 76 646 77 🏠 andamandaphuket.com

02

돌핀스 베이 Dolphins Bay

찰롱 피어에서 멀지 않은 곳에 위치한 돌핀스 베이. 원형 돔으로 된 실내 수영장에서 물개 & 돌고래 쇼가 펼쳐진다. 수영장과 무대가 매우 가까워서 VIP석 맨 앞 줄에 앉으면 더욱 생동감 넘치는 공연을 볼 수 있다. 45분간 흥미진진한 쇼를 진행해 어린이 관객의 만족도가 높은 편이다.

📍 33/50 Moo2, Soi Pa Lai, Chalong, Mueang Phuket District, Phuket 🕐 수~일요일 10:00~18:00
💲 좌석에 따라 700~1200바트 📞 +66 99 313 7666
🏠 dolphinsbayphuket.com

©andamandaphuket.com

04

03

03

푸껫 버드 파크 Phuket Bird Park

찰롱 근처에 위치한 개인 소유의 새 공원, 푸껫 버드 파크. 아시아, 아프리카, 남아메리카에서 온 100여 종의 새가 1,000마리가량 서식하고 있다. 규모는 작지만 여러 가지 이색 체험을 통해 새들과 교감할 수 있는 공간이다. 다양한 공연도 관람할 수 있고, 토끼와 같은 작은 동물들과도 함께 시간을 보낼 수 있어 아이들의 만족도가 높다.

📍 6/2 Moo3, Chao Fah Tawan Tok Rd, Wichit, Mueang Phuket District, Phuket ⏰ 금~일요일 13:00~17:00
💷 500바트 📞 +66 85 789 8555
🏠 phuketbirdpark.com

04

스플래시 정글 워터 파크 Splash Jungle Water Park

마이카오 비치 주변에 위치한 스플래시 정글 워터 파크는 2010년 오픈한 푸껫 최초의 워터 파크다. 다른 워터 파크에 비하면 규모가 크지 않지만, 그리 붐비지 않아 어트랙션에서 줄 설 필요 없다는 장점이 있다. 식당과 같은 부대시설도 잘 갖추었고, 공항 근처라 여행 마지막에 들러 아이들과 함께하기 괜찮다.

📍 65 Soi Mai Khao 4, Mai Khao, Thalang District, Phuket ⏰ 목~월요일 10:00~17:45 💷 어른 750바트, 어린이 500바트
📞 +66 76 372 111 🏠 splashjungle.com

현지인과 함께 즐길 수 있는

푸껫 축제

축제의 나라 태국. 그래서 푸껫에서도 일년 내내 축제가 열린다.
그중 여행자가 함께 즐길 수 있는 축제로는 송끄란과 러이끄라통 정도를 뽑을 수 있다.
세계적으로 유명한 축제이니 해당 시기에 여행 중이라면, 현지 축제를 함께하는 특별한 추억을 만들어 보자.

날짜	축제	의미
4월 13~15일	송끄란 축제	태국 전통 새해를 기념하는 물의 축제
10월 2~10일	채식주의자 축제	중국계 주민들이 10일 동안 채식을 하는 고행 행사
11월	러이끄라통	끄라통(작은 배)을 띄워 보내면서 소원을 비는 축제
12월 초	킹스 컵 요트 대회	국제 규모의 요트 대회

러이끄라통 Loi Krathong

태국력으로 12월 보름에 열리는 러이끄라통은 바나나 잎으로 만든 끄라
통(연꽃 모양의 작은 배)에 불을 밝힌 초와 향, 꽃, 동전 등을 실어 강이나
호수 등에 띄워 보내며 소원을 비는 축제다. 태국 사람들은 끄라통의 촛불
이 꺼지지 않고 멀리 떠내려가면 자신의 소원이 이루어진다고 믿는다. 푸
껫에서는 빠똥 비치, 까론 호수, 나이한 호수 등에 많은 사람들이 모여 끄
라통을 띄운다. 호텔이나 대형 쇼핑몰 등에서는 끄라통을 함께 만들고 분
수나 작은 수로에 띄우는 행사를 하기도 한다.

송끄란 Sonkran

'물의 축제'로 불리는 송끄란은 매년 4월 13~15일에 열린다. 태국력에 의한 전통 설날로 서로에게 물을 뿌리면서 마음을 정화하고 복을 기원한다. 그래서 축제 기간에는 태국 시내 어디서나 물총을 들고 다니며 서로에게 물을 뿌리는 모습을 볼 수 있다. 푸껫에선 빠똥의 방라 로드와 푸껫 타운에서 가장 성대하게 축제가 진행된다. 남녀노소 불구하고 물총, 세숫대야, 양동이 등을 들고 나와 물을 끼얹기 때문에 온몸이 쫄딱 젖는 것은 감수해야 한다. 축제 시기가 1년 중 가장 더울 때라 더위를 식혀주는 역할도 한다.

송끄란 축제를 즐기는 TIP

① 축제를 즐기지 않더라도 옷이 젖을 수 있으니 속옷 대신 수영복, 래시가드를 입는 것이 좋다.

② 휴대폰, 카메라 등 전자 제품은 꼭 방수팩에 넣어 사용한다.

③ 소매치기를 당하거나 물에 젖을 수 있으니 소지품을 최소화한다.

④ 축제를 물싸움으로 생각하지 말 것! 서로의 복을 기원하는 의미니 감정적으로 대응하면 안 된다.

놓치지 말아야 할
푸껫 공연

태국의 신화, 역사를 바탕으로 한 스펙터클한 무대부터 조금은 낯설고 이색적인 트랜스젠더 쇼까지.
푸껫의 다양한 공연은 여행자들의 오감을 만족시키고 여행에 풍미를 더해 준다.

푸껫 판타시 Phuket Fantasea

푸껫의 유명 테마파크, 푸껫 판타시에서는 태국의 기원 신화와 푸껫 문화를 바탕으로 한 '푸껫 판타시 오브 킹덤' 공연을 진행한다. 3,000석 규모의 공연장에서 150여 명의 인원과 함께 30마리의 코끼리를 비롯한 다양한 동물이 등장해 스펙터클한 무대를 선사한다. 서커스, 공중제비, 레이저 쇼, 불꽃놀이까지 진행되어 아이들에게도 인기 만점! 4,000명이 한 번에 식사가 가능한 뷔페도 있으며, 거리 공연, 코끼리 타기 등 곳곳에 즐길 거리가 있어 남녀노소 누구나 만족할 수 있는 곳이 바로 푸껫 판타시다.

🚶 정실론에서 차량 20분　📍 99 Moo3, Kamala, Kathu District, Phuket　🕐 17:30~23:30　✖ 목요일　฿ 공연 관람 1,800바트,
공연 & 디너 뷔페 어른 2,200바트, 어린이(12세 미만) 2,000바트　🏠 phuket-fantasea.com

시암 니라밋 Siam Niramit

태국 대표 공연 시암 니라밋은 태국 역사와 문화를 한눈에 볼 수 있는 공연이다. 거대한 무대를 전통 춤과 기예로 채운 화려한 연출에 공연 시간 내내 눈을 뗄 수 없다. 공연장 전체에 태국 전통 건축물을 재현해 감상하는 재미가 있고, 공연 전 프리쇼 시간에 분수 쇼를 비롯한 짧은 공연이 열려 심심할 새 없이 시간을 보낼 수 있다. 또, 전통 음식이 준비된 뷔페도 있어 저녁 식사도 가능하다. 방콕 지점이 문을 닫은 이후 유일한 시암 니라밋 쇼로 일정에 여유가 있다면 관람하길 추천한다.

🚶 정실론에서 차량 40분 📍 55, 81 Chalermprakiat Ratchakan Thi 9 Rd, Ko Kaeo, Muang Phuket district, Phuket 🕐 20:30~22:00
💲 플래티넘 시트 어른 2,200바트, 어린이 1,800바트. 뷔페 400바트, 픽업 서비스 350바트 🏠 siamniramitphuket.com

사이먼 카바레 푸껫 Simon Cabaret Phuket

푸껫 트랜스젠더 쇼 중 가장 유명한 것이 빠똥의 사이먼 카바레 푸껫. 화려한 의상을 입은 트랜스젠더들이 다양한 퍼포먼스를 펼친다. 신나는 음악에 맞춰 무대를 선보이는데, 한 시간 동안 경쾌하고 강렬한 쇼로 관객들의 혼을 쏙 빼놓는다. 관객에 따라 공연 내용이 조금씩 바뀌는데, 한국 관광객이 많을 때는 K-POP에 맞춰 공연을 펼치거나 부채춤을 추기도 한다. 푸껫 전역에 픽업 서비스를 제공하니 편하게 방문해 보자. 후회 없는 공연이라는 평이 절대 다수! ▶빠똥 P.123

🚶

낮보다 화려한 푸껫의 밤

나이트 라이프

낮에는 휴양지의 낭만, 밤에는 화려하고 신나는 밤을 즐길 수 있는 푸껫.
아주 늦게까지 밤을 즐길 수 있는 곳은 빠똥과 푸껫 타운에 집중되어 있다.
빠똥이 여행자를 위한 곳이라면 푸껫 타운은 현지인이 많아 서로 다른 분위기를 느낄 수 있다.

illuzion

일루전 푸껫

빠똥 최대의 클럽 일루전은 세계적으로 손꼽히는 클럽으로 넓은 무대와 화려한 조명 아래 세계적인 유명 DJ들의 공연을 진행해 현지인, 여행자 모두에게 인기가 많다. 중간에 라스베이거스 스타일의 쇼도 열려 다양한 볼거리를 제공한다. 느지막이 방문할수록 열기가 더욱 뜨겁다. ▶빠똥 P.130

©illuzionphuket.com

타이거 나이트 클럽

화려한 방라 로드에서도 가장 눈에 띄는 건물이라 누구라도 발걸음을 멈추고 둘러보게 된다. 1층은 오픈 바로 방라 로드의 분위기를 제대로 느낄 수 있고 2, 3층은 스테이지가 있는 전형적인 클럽이다. ▶빠똥 P.131

뉴욕 라이브 뮤직바

빠똥 방라 로드에서 가장 인기가 많은 뉴욕 라이브 뮤직바. 실력 있는 밴드들의 멋진 공연을 볼 수 있다. 신나는 팝 위주의 선곡이라 전 세계 여행자가 하나되어 즐길 수 있다. ▶빠똥 P.132

키 스카이라운지

아름다운 바다를 전망으로 루프톱, 라운지 바들이 곳곳에 자리하는 푸껫. 그중 키 스카이라운지는 빠똥의 밤바다와 빠뜨라의 화려함을 동시에 즐길 수 있는 곳이다. 일몰 시간에 맞춰서 해피 아워를 운영하니 칵테일을 마시며 낭만적인 저녁을 맞이해 보자. ▶빠똥 P.133

더 라이브러리 푸껫

푸껫 타운에서 가장 비밀스러운 공간 더 라이브러리. 평범한 문을 비집고 들어가면, 세상에서 가장 화려한 도서관이 나타난다. 삼층으로 이루어진 바로 늦은 밤까지 운영하며 화려한 공연과 신나는 음악이 밤을 가득 채운다. ▶푸껫 타운 P.189

비밥 라이브 뮤직바

푸껫의 재즈 바 중 가장 퀄리티 높은 공연을 만날 수 있는 곳. 재즈, 소울, 라틴, 블루스부터 팝까지 폭넓은 분야의 음악을 연주한다. 음악을 사랑하는 현지 단골손님이 많아 가족적인 분위기로, 편안하게 음악과 밤을 즐길 수 있다.
▶푸껫 타운 P.188

몸과 마음에 여유를

마사지 & 스파

푸껫의 인기
마사지&스파
Best5

반얀트리 스파 Banyan Tree Spa

반얀트리 리조트 못지않게 유명한 반얀트리 스파. 수준 높은 서비스로 스파 분야에서 많은 상을 받았다. 독채 스파 룸에서 프라이빗하게 마사지와 스파를 즐길 수 있는데 '열대 정원 스파'라는 테마에 걸맞게 싱그럽고 고급스러운 분위기다. 가격대는 높은 편이지만 처음부터 끝까지 완벽한 서비스를 받을 수 있다. ▶푸껫 북부 숙소 P.303

스파와 마사지의 차이점

스파는 물을 이용한 테라피가 포함된 것으로 자쿠지, 샤워실 등의 개별 시설을 별도로 갖추었다. 대체로 프로그램이 좀 더 길고 비싼 편이다.

오리엔타라 스파 Orientala Spa

한국 여행자들에게 꾸준히 인기가 많은 곳. 깔끔한 시설에 실력 좋은 마사지사들이 많아 입소문이 자자하다. 원하는 마사지 부위와 강도 등이 선택 가능해 맞춤형 서비스를 받을 수 있다. 가격은 일반적인 로컬 마사지 숍보다 1.5~2배 정도 비싸지만 만족도는 그 이상이다. ▶빠똥 P.135

태국 여행을 떠나는 이유로 마사지와 스파를 꼽는 사람들도 꽤 많다. 국내에 비해 훨씬 저렴한 가격으로 언제 어디서든 쉽게 받을 수 있기 때문. 로컬 마사지 숍부터 호텔 스파까지 폭 넓은 옵션이 있으니 취향과 예산에 맞춰 선택하면 된다. 일상의 스트레스를 마사지, 스파와 함께 느긋하게 풀어 보자.

오아시스 스파 Oasis Spa

방콕 및 다른 지역에도 여러 지점을 두고 있는 고급 스파 체인점 오아시스. 푸껫에도 5개의 지점이 있다. 호텔 스파보다 저렴하지만 프라이빗한 공간에서 세심한 서비스를 받을 수 있으며, 프로그램이 다양해 선택의 폭이 넓다. 지점에 따라 무료 픽업 서비스도 제공한다.

▶까따, 까론 P.160, 푸껫 북부 P.223

킴스 마사지 Kim's Massage

푸껫 타운에만 8곳, 푸껫 전체 10곳의 매장을 운영 중인 킴스 마사지. 가격대는 일반 로컬 마사지 숍들과 거의 비슷하거나 약간 비싼 정도지만 매장이 넓고 내부 인테리어가 매우 깔끔하다. 마사지사의 실력도 좋아 최고의 가성비를 자랑한다. ▶푸껫 타운 P.190, 푸껫 남부 P.211

렛츠 릴렉스 Let's Relax

태국 전역에 지점을 둔 스파 브랜드 중 한국인 여행자들에게 가장 인지도가 높은 곳이다. 시설이나 분위기가 대체로 깔끔하고 가격에 비해 고급스러운 서비스를 받을 수 있다. ▶빠똥 P.135, 까따, 까론 P.163, 끄라비 P.249

마사지 이용

① 마사지 시 필요한 필수 태국어 : 세게 "낙낙", 약하게 "바오바오"

② 오일 마사지를 받을 땐 속옷까지 모두 탈의 후, 준비된 위생 팬티만 입으면 된다.

③ 마사지를 받은 후엔 담당 마사지사에게 팁을 주는 것을 권장한다. 로컬 마사지 숍 기준, 2시간에 100바트 내외로 주면 된다.

비싼 숙박비 아깝지 않게

리조트 100% 즐기기

휴양지에선 리조트를 이모저모 뜯어 즐기는 것도 여행의 일부!
리조트 시설과 운영 프로그램들을 잘 체크해 두고 다양하게 이용해 보자.
투숙객을 위한 알찬 프로그램과 프로모션이 충분히 준비되어 있다.

스파 리조트 내에서 운영하는 전용 스파는 외부 로컬 숍에 비해 조금 비싼 편이지만 그만큼 고급스러운 서비스를 경험할 수 있다. 투숙객을 위한 할인 프로모션을 진행하는 곳도 많다.

요가 & 필라테스 요즘엔 요가나 필라테스 강습을 해주는 곳이 점점 많아지는 추세다. 물론 리조트에 따라 강습료가 다르지만 크게 부담스러운 정도는 아니다. 1시간가량 운동을 하고 나면 훨씬 몸이 가벼워지니 여행에서도 건강을 놓치지 말자.

숙소 예약 시 고려해야 할 점

① 택시비가 비싼 편이니 접근성이 좋을 곳을 선택할 것
② 객실 사진 및 실제 투숙객들의 후기를 꼼꼼히 살펴볼 것
③ 무료 취소, 변경이 가능한 옵션으로 예약 추천
④ 건기나 우기냐에 따라 숙박 요금은 천차만별. 건기에 여행을 떠난다면 숙소 예약을 좀 더 서두를 것
⑤ 호캉스를 원한다면 수영장, 헬스장, 스파, 레스토랑, 투숙객을 위한 프로그램 등을 두루두루 따져볼 것

쿠킹 클래스 전 세계에 인정받은 태국 음식의 맛. 리조트 내에서도 쿠킹 클래스를 운영하는 곳들이 많다. 아이들과 함께 시간 보내기 제격! 정해진 시간대에 그룹으로 진행하는 경우가 많으니 참여하려면 미리 예약해야 한다.

애프터눈 티 & 해피 아워 즐기기 느지막한 오후에 차와 함께 디저트를 즐기는 애프터눈 티, 전용 레스토랑이나 바에서 진행되는 해피 아워도 놓칠 수 없다. 해피 아워엔 칵테일이나 와인을 할인해 주는 등 다양한 프로모션을 진행한다.

레스토랑 프로모션 리조트 내에서 운영하는 레스토랑에선 투숙객을 위한 다양한 프로모션을 진행한다. 기본적인 투숙객 할인부터 요일별 테마 뷔페, BBQ 특선까지 다양하며 라이브 공연 등 볼거리를 제공하기도 한다.

리조트 & 호텔 이용 Tip

① 체크인 후 직원이 객실로 짐을 가져다줄 때나 룸 클리닝을 받았을 때, 체크아웃 할 때는 매너 팁을 주는 것이 좋다. 40~100바트 정도가 적당하다. 팁 전용으로 달러를 준비해 가는 것도 좋은 방법.

② 보통 밤 비행기를 이용해 한국으로 돌아오는 경우가 많다. 사전에 레이트 체크아웃을 요청해 두면 마지막 날 좀 더 늦게까지 호텔에서 쉴 수 있다. 객실 사정상 안 되기도 하지만, 가능하다면 보통 1~2시간 정도 퇴실 시간을 늦춰준다. 숙소마다 규정은 상이하니 잘 체크해 보자.

허니문의 로망을 채워 줄
럭셔리 풀 빌라

반얀트리 Banyan Tree

한적한 푸껫 북부, 방타오 비치 근처의 반얀
트리. 태국 전통 왕실이 연상되는 객실, 프라
이빗 풀, 최고급 스파와 훌륭한 레스토랑까
지 모든 것이 갖춰져 리조트에만 있어도 꿀
같은 시간을 보낼 수 있다.
▶푸껫 북부 숙소 P.303

한 번뿐인 허니문을 특별하게 만들어줄 풀 빌라.
더욱 완벽한 신혼여행을 위해 고민 중인 신혼부부에게 추천하는
푸껫 풀 빌라 Best 3

더 쇼어 앳 까따따니
The Shore at Katathani

까따노이 비치를 한 눈에 내려다볼 수 있는 언덕에 자리한 더 쇼어 앳 까따따니. 객실 침대에 누워 있으면 개인 풀장, 바다가 일직선으로 펼쳐진다. 해 질 녘에 아름답게 물들어 가는 해변을 바라보면 절로 핑크빛 마법에 빠지게 된다. ▶ 까따, 까론 숙소 P.298

아난타라 라얀
Anantara Layan

방타오 근처 라얀 비치 앞에 자리한 아난타라. 신혼여행으로 인기가 높은 비치 프론트 풀 빌라로 프라이빗 비치를 끼고 있어 아름다운 경관을 자랑한다. 넓은 야외 덱과 어우러진 수영장은 열대 식물로 가득해 숲속에 온 듯하다.

해변까지 논스톱!
바다를 즐기기 좋은 리조트

01

01

03

01
클럽메드 푸껫
Club Med Phuket

까따 비치를 따라 길게 늘어선 클럽메드. 전용 게이트를 지
나면 바로 눈앞에 해변이 펼쳐진다. 올 인클루시브 리조트
라 필요한 모든 것을 안에서 해결할 수 있어, 까따 비치를
오가며 오롯이 휴양을 즐기기 좋다. ▶까따, 까론 숙소 P.299

02
까따타니 푸껫 비치 리조트
Katathani Phuket Beach Resort

작은 까따를 뜻하는 까따노이 비치 바로 앞에 위치한 리
조트. 해변에 전용 선베드들이 배치되어 있다. 까따야이
비치에 비해 규모가 작고 한적해 일행과 함께 여유롭게
휴식하기 제격이다. ▶까따, 까론 숙소 P.299

아름다운 푸껫의 바다와 다양한 해양 액티비티를 즐기고 싶은 여행자라면, 무조건 바다에 가까운 리조트가 정답.
엎드리면 코 닿을 거리에 해변이 이어지는 리조트 중에서도 가장 좋은 곳들만 엄선했다.

03

르 메르디앙 푸껫 비치 리조트
Le Méridien Phuket Beach Resort

까론노이 비치 앞에 위치한 르 메르디앙. 해수욕장 양 끝이 동그랗게 말린 형태의 언덕이라 해수욕장이 리조트를 감싼 듯한
구조다. 일반 관광객들은 해변 접근이 어려워 투숙객 전용으로 쾌적하게 이용할 수 있다. 한적하고 여유로운 바다를 즐기기
에 이보다 좋은 곳을 찾기 힘들다.

메리어트 본보이 Marriott Bonvoy

푸껫에도 수많은 종류의 지점이 있는 메리어트 그룹. JW 메리어트 푸껫, 푸껫 메리어트 리조트 & 스파, 르네상스 푸껫, 포포인츠 바이 쉐라톤 푸껫 빠똥 비치, 메리어츠 마이카오, 코트야드 푸껫 타운까지 여러 지역에 다양한 범위로 분포해 있으니 여행 취향과 계획에 따라 선택하기만 하면 된다.

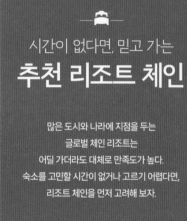

시간이 없다면, 믿고 가는
추천 리조트 체인

많은 도시와 나라에 지점을 두는
글로벌 체인 리조트는
어딜 가더라도 대체로 만족도가 높다.
숙소를 고민할 시간이 없거나 고르기 어렵다면,
리조트 체인을 먼저 고려해 보자.

모벤픽 리조트 방타오 비치
Movenpick Resort Bangtao Beach

푸껫 공항과 가까운 방타오 비치에서 여유로움을 즐기기에 제격인 곳으로 다양한 객실 옵션이 있다. 방 3개, 거실, 주방으로 구성된 쓰리 베드룸 레지던스가 가족 여행자에게 특히 인기다.

아마리 푸껫
Amari Phuket

동남아 유명 리조트 브랜드 아마리의 지점이 푸껫에도 있다. 바로 빠똥 비치에서 가장 한적하고 조용한 언덕을 따라 지은 아마리 푸껫. 깔끔하고 프라이빗한 객실은 물론 호텔 부대시설 수준이 아주 높고 부족한 것이 없다. ▶빠똥 숙소 P.

홀리데이 인 리조트 푸껫
Holiday Inn Resort Phuket

아이 동반 가족에게 꾸준히 사랑받는 곳. 아이들 전용 2층 침대와 게임 플레이어까지 갖춘 스위트룸, 키즈 클럽, 키즈 풀장이 있다. 만 12세 미만 어린이 2인까지 별도의 추가 비용 없으니 만족도가 높을 수밖에! ▶빠똥 숙소 P.297

아이와 함께 간다면
가족 여행 추천 리조트

아이들과 함께 가족 여행을 떠날 땐 숙소 컨디션을 더욱 꼼꼼히 살피게 된다. 요금, 수영장, 키즈 클럽 등 여러 조건을 고려해 추천 리조트를 선정해 보았다.

노보텔 푸껫 빈티지 파크
Novotel Phuket Vintage Park

동남아식 건축 스타일에 중앙에 상당히 넓은 수영장을 갖춘 4성급 리조트. 아동 전용 수영장, 키즈 클럽이 잘 되어 있고 만 16세 미만 아동 2인까지 무료 숙박이 가능하다.
▶빠똥 숙소 P.297

센타라 까따 리조트
Centara Kata Resort

다양한 객실 타입이 있는 센타라 까따 리조트. 투 베드 스위트룸에 최대 8명까지 숙박이 가능해 대가족이 묵기도 좋다. 3개의 야외 풀이 있고 아담한 슬라이드도 있어서 아이들이 놀기에 최적. ▶까따 숙소 P.300

바쁘게 움직이는 실속 여행자들을 위한

가성비 호텔

럭셔리 풀 빌라, 고급 리조트보다는 위치 좋고 합리적인 가격대의 숙소를 찾는
사람들에게 고르고 골라 추천하는 가성비 좋은 호텔 Best3

호텔 인디고 푸껫 빠똥

오조 푸껫

이비스

호텔 인디고 푸껫 빠똥
Hotel Indigo Phuket Patong

정실론에서 도보 10분 거리에 위치
한 인디고 푸껫. 깔끔한 도심형 호텔
로 트렌디한 인테리어의 객실, 인피니
티풀을 갖춘 루프톱이 있다. 주변에
맛집, 마사지 숍도 많아 푸껫을 제대
로 즐기기에 가장 좋은 곳에 있다.

▶ 빠똥 숙소 P.295

오조 푸껫
Ozo Phuket

해변과 바로 연결되는 게이트가 있
어 까따 비치까지 5분 이내로 갈 수
있다. 객실은 아담하지만 여행자가
묵기에 부족함이 없고, 넓은 수영장
과 슬라이드가 있는 키즈 풀 등 있
어야 할 것은 모두 갖추고 있다.

▶ 까따 숙소 P.300

이비스 푸껫 까따
Ibis Phuket Kata

비즈니스호텔 스타일의 이비스. 푸껫
곳곳에도 지점이 있는데 대부분 위치
가 좋고 깔끔하다. 그중 이비스 까따
는 까따 로드 중심에 위치하고 해변
과도 멀지 않아 여행하기 편하다. 주
변 숙소들에 비해 상당히 저렴하다.

▶ 까따 숙소 P.301

세계의 여행자와 함께 즐기는 푸껫

활기 넘치는 호스텔

주머니가 가벼운 배낭 여행자를 위한 호스텔.
1박에 200~600바트 정도면 트렌디하고 유니크한 공간에서 전 세계의 여행자를 만날 수 있다.

럽 디 Lub d

빠똥의 인기 좋은 호스텔 럽 디. 해변과 가깝고 정실론까지도 도보 15분가량이다. 호텔과 호스텔을 함께 운영 중인데, 도미토리도 상당히 깔끔하다. 수영장, 탁구대, 미니 게임, 복싱장 등의 편의 시설을 갖추고 있어서 서양인이 많이 찾는 호스텔.

칠 허브 Chill Hub

푸껫 북부는 고급 리조트들이 주를 이루기 때문에 배낭 여행자나 나 홀로 여행자가 묵기에 부담이 될 수 있다. 칠 허브 호스텔은 그런 여행자들을 위한 맞춤형 도미토리를 제공한다. 방타오 비치까지 도보 5분이면 갈 수 있고 깔끔한 객실에 가격도 저렴하다. 공항까지도 30분 이내다.

반반 호스텔 Baan Baan Hostel

푸껫 타운에는 시노 포르투기스 양식의 옛 건축물을 개조한 앤티크한 분위기의 호스텔들이 많다. 반반 호스텔 역시 탈랑 로드 초입에 있는 숙소로 2인실부터 도미토리 룸까지 선택지가 다양하다. 아기자기한 분위기에 최대 수용 인원도 많지 않아 번잡하지 않게 지낼 수 있다.

알고 먹으면 배로 맛있는

푸껫 먹부림 준비하기

세계 6대 요리 중 하나로 손꼽히는 태국 요리.
향신료와 양념을 다채롭게 사용해 맛의 개성이 강하면서도,
어느 하나 모나지 않은 조화로운 맛을 선보인다.
처음에는 낯설어하는 사람도 많지만, 그 묘한 중독성에 빠지면
음식 때문에 태국을 다시 찾을 만큼 태국 요리를 사랑하게 된다.

알아두면 걱정 없는
태국 음식 주문하기

태국 음식은 이름이 식재료와 조리법의 조합이라
용어를 조금 알아두면 현지에서 음식을 주문할 때 큰 도움이 된다.
주문이 훨씬 편해지는 대표 식재료와 조리법을 여기 정리해 보았다.

대표 식재료

• **카오** ข้าว	쌀
• **꾸어이띠여우** ก๋วยเตี๋ยว	쌀국수
• **느어** เนื้อ	쇠고기
• **무** หมู	돼지고기
• **무쌉** หมูสับ	다진 돼지고기
• **까이** ไก่	닭고기, 달걀
• **꿍** กุ้ง	새우
• **쁠라목** ปลาหมึก	오징어
• **뿌** ปู	게
• **탈레** ทะเล	해물
• **운센** วุ้นเส้น	당면
• **팍치** ผักชี	고수
• **끄라파오** กะเพรา	바질
• **팍붕** ผักบุ้ง	모닝글로리

조리법

• **팟** ผัด	볶음
• **똠** ต้ม	끓임
• **땀** ตำ	절구에 찧어 만든 것
• **얌** ยำ	무침
• **텃** ทอด	튀김
• **양** ย่าง	구이
• **깽** แกง	찌개

예시

• **팟 + 끄라파오 + 무쌉**

→ 다진 돼지고기, 바질 볶음

• **얌 + 운센 + 탈레** → 해물, 당면 샐러드

• **까이 + 텃** → 닭 튀김

조리법으로 알아보는
다양한 태국 음식

카오 ข้าว 쌀, 쌀밥

태국도 우리나라처럼 밥을 기본으로 메인 메뉴, 반찬 등을 곁들여 먹는 게 기본이다. 한국 쌀에 비해 폴폴 날리는 일반 쌀밥 카오, 쫀득한 식감의 찰밥 카오니여우가 기본이며 카오팟(볶음밥), 카오똠(죽) 등 그 활용법도 다양하다. 삶거나 튀긴 닭을 올린 카오만까이, 족발을 올린 카오카무가 가장 인기 있고 대표적이다.

카오만까이

카오팟

카오카무

카오똠

똠 ต้ม 국 깽 แกง 찌개

태국도 국과 찌개 같은 국물 요리를 즐겨 먹는다. 가장 유명하면서도 호불호가 나뉘는 똠얌꿍이 대표적! 레몬그라스, 라임, 고수 등을 넣어 유니크한 향이 나면서 맵고 신맛이 동시에 느껴지는 오묘한 맛이 꽤 중독성 있다. 좀 더 자작하게 끓인 찌개류나 커리 등을 통칭해 '깽'이라고 하며 깽솜, 깽까이 등이 있다.

깽끼여우완

똠얌꿍

깽솜

팟타이

팟끄라파오무쌉

팟팍붕파이댕

팟 ผัด 볶음 요리

기름에 볶고 튀긴 요리가 맛있다는 건 태국에서도 통하는 진리다. 음식 이름 앞에 '팟'이 붙어 있으면 볶음 요리를 의미하고 잘 알려진 팟타이 외에 팟팍붕파이댕(모닝글로리 볶음), 팟끄라파오무쌉(돼지고기 바질 볶음) 등이 한국인 여행자들 입맛에도 잘 맞는 대표적인 음식이다.

꾸어이띠여우 ก๋วยเตี๋ยว 쌀국수

태국에서 밥만큼이나 흔히 먹는 주식. 어디서든 쉽게 찾아볼 수 있어 여행 중 간단히 요기할 때 먹기 좋다. 육수, 면의 종류, 고명에 따라 맛이 천차만별로 달라져 스타일이 아주 다양하다. 태국의 역사와 함께한 유서 깊은 음식으로 이를 전문으로 해 온 노포들은 미쉐린 가이드에 소개될 정도. 푸껫에서는 숙성시킨 쌀국수에 소스와 각종 야채를 얹어 비벼 먹는 카놈찐도 즐겨 먹는다.

얌운센

꾸어이띠여우 뚠

꾸어이띠여우

카놈찐

솜땀

얌 ยำ 샐러드, 무침

얌은 '무친다'는 뜻이지만 태국식 샐러드를 통칭하는 말이기도 하다. 액젓, 조미료, 고추 등을 넣어 감칠맛이 나는 태국식 샐러드는 반찬처럼 먹기도 좋다. 가장 대표적인 메뉴로는 당면을 넣어 만든 얌운센, 파파야로 만든 솜땀이 있다. 솜땀의 경우 얌 종류에 가깝지만, 신 것을 찧어 소스를 만든다는 의미에서 솜땀이라는 이름이 붙었다.

수끼 สุกี้ 샤부샤부

태국식 전골 요리로 육수에 야채와 고기, 해산물, 어묵 등을 넣고 끓여가면서 먹는다. 한국식 샤부샤부와 유사해 태국 음식이 입에 잘 맞지 않는 사람들도 편하게 먹을 수 있다. 수끼의 종류에는 마른 수끼라는 뜻의 수끼행도 있는데, 데친 밑재료를 기름에 볶은 볶음면이라고 생각하면 된다. 역시 한국인 입맛에 딱 맞는 메뉴.

수끼

수끼행

한국 여행자가 좋아하는
대표 태국 음식

팟타이 Phad Thai

팟타이는 쌀국수를 스크램블드에그, 닭고기, 새우 등의
재료와 함께 볶아 낸 태국의 대표 면 요리다.
숙주와 땅콩, 라임 즙 등을 기호에 따라 곁들여 먹으면
식감과 맛이 더욱 풍성해진다. 노점상에서도
흔히 볼 수 있으며 가격은 50바트부터 천차만별이다.
향신료가 들어가지 않아 누구나 호불호 없이 먹기 좋다.

카오팟 Khao Phad

태국식 볶음밥인 카오팟은 기본적으로 밥과 함께
달걀, 간장, 남쁠라(피시 소스)가 들어간다.
거기에 새우, 돼지고기, 치킨, 야채, 파인애플 등의
추가 재료를 넣는다. 꿍(새우)을 넣으면
카오팟꿍, 까이(닭)를 넣으면 카오팟까이,
삽빠롯(파인애플)을 넣으면 카오팟삽빠롯이 된다.
어디서 먹어도 실패 없이 무난한 메뉴!

똠얌꿍 Tom Yam Kung

세계 3대 수프 중 하나로 손꼽히는 똠얌꿍은
새우를 메인 재료로 매콤 새콤하게 끓여낸 이색적인
국물 요리다. 레몬그라스, 고수, 라임, 고추 등이
들어가 다양한 맛이 어우러져 있어 호불호가
나뉘기도 한다. 먹다 보면 묘한 매력에 끌릴 수도
있으니 꼭 한번은 도전해 보자.

전 세계적으로 많은 사랑을 받고 있는 태국 음식.
한국 사람에게도 익숙한 편이지만, 호불호가 많이 갈리는 것도 사실이다.
그래서 실패 없는 먹부림을 위해 호불호 없는 태국 대표 음식을 소개한다.

뿌팟퐁까리 Pu Phat Phong Curry

튀긴 게에 채소와 계란, 커리 가루를 넣어 볶아낸
뿌팟퐁까리는 한국인 여행자들이 특히 좋아하는 시푸드
요리 중 하나다. 팍치(고수)나 다른 향신료가 거의 들어가지
않아 누구나 무난하게 먹기 좋다. 코코넛 밀크가 들어가
매우 부드럽고 게살, 커리와 함께 밥을 비벼 먹으면
더욱 맛있다.

무양, 까이양 Moo Yang, Kai Yang

'무'는 돼지고기, '까이'는 닭을 뜻한다.
돼지고기와 닭고기를 먹기 좋은 크기로 잘라
숯불에 구워주는 무양, 까이양을 특제 소스에
찍어 먹으면 여행 내내 무양과 까이양만 찾을지도
모른다. 맥주 안주로도 제격이라 야시장 및
노점상에서도 심심치 않게 찾아볼 수 있다.

사테 Satay

인도네시아의 전통 꼬치 요리인 사테를 푸껫에서도 즐겨 먹는다.
한 입 크기로 썬 고기를 꼬치에 꽂아 양념에 재운 후
숯불에 구워준다. 주로 돼지나 닭고기를 많이 사용한 음식으로
은은한 커리향과 달콤함이 고기에 밴 불맛과 어우러진다.
땅콩소스, 칠리소스를 찍어 먹는데 앉은 자리에서 사테 10개
정도는 기본이다.

대표 태국 음식

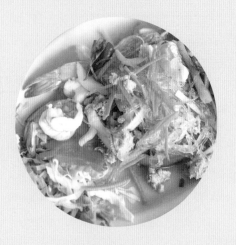

얌운센 Yam Wun Sen

얌운센은 얇은 당면인 글라스 누들에 새우와
오징어 등의 해산물과 토마토, 양파 등의 야채를
넣고 버무린 샐러드다. 차갑게 혹은 따뜻하게
먹을 수 있다. 새콤달콤한 양념 덕분에 본격적인
입맛을 돋우기 위한 애피타이저 메뉴로 좋다.

솜땀 Som Tam

얇게 채를 썬 덜 익은 파파야에 토마토, 콩순, 마늘,
땅콩 등을 넣고 피시 소스, 매운 고추와 함께 버무려 낸
태국의 대표 샐러드 솜땀. 아삭아삭하게 씹히는
파파야의 식감과 매콤 새콤한 소스가 아주 별미다.
어떤 태국 음식과도 잘 어울리기 때문에
평범한 샐러드라기보단 태국 사람에겐 우리의 김치와
비슷한 정도의 필수 반찬이라고 볼 수 있다.

팟팍붕파이댕 Pad Phakbung Fai Daeng

팟팍붕파이댕은 "모닝글로리"라고 불리는 공심채를
태국식 된장, 굴소스, 피시 소스 등을 넣고 볶은 것으로
반찬 중 한국인에게 가장 인기가 많다. 마늘과 고추도
들어가서 한국식 볶음이 생각나는 데다 밥과
함께 먹기에 딱 알맞기 때문.

대표 태국 음식

로띠 Roti

동남아의 많은 지역에서 간식으로 즐겨먹는 로띠.
버터나 마가린을 두른 팬 위에 밀가루 반죽을 얇게 펴서
구워낸 후 연유나 초콜릿 등을 뿌려 먹는다. 기호에 따라
구울 때 바나나, 치즈, 달걀 등을 올리기도 한다. 크레페와
비슷해 보이지만 좀 더 바삭하고 담백하다. 바나나와
누텔라 초콜릿을 넣은 것이 단연 인기다.

망고 스티키 라이스

망고와 찰밥, 맛보기 전엔 누구나 이상한 조합이라고
생각할 것이다. 코코넛 밀크와 설탕을 잔뜩 넣고 밥알이
코팅될 때까지 졸여낸 후 생망고를 함께 곁들여 먹는데,
달짝지근함에 달달함을 더해 초절정 달콤함이 완성!
부드러운 망고와 쫄깃한 밥의 식감이 묘하게 매력적인
태국 국민 디저트.

카오니여우 Khaoniao

비닐에 싸여 대나무 통에 담겨 나오는 찹쌀밥을
카오니여우라고 한다. 현지인들은 적당한 양을 덜어
손으로 좀 더 단단하게 뭉친 후 먹기도 한다.
찰진 식감에 씹을수록 담백하고 단맛이 느껴진다.
사테, 쏨땀 등과 매우 잘 어울린다. 일반 밥은
카오쑤어이라고 한다.

푸껫에서 경험하는 특별한 미식 체험

푸껫 지역 음식 열전

태국 남부는 지역적으로 말레이시아, 인도네시아의 영향을 받아 향신료를
듬뿍 사용한 맵고 신맛이 강한 음식이 많다. 또, 이주 중국인의 영향을 많이 받아
태국 다른 지역에서 맛볼 수 없는 독특한 미식을 탐방할 수 있다.

01 무홍 Moo Hong

두툼한 돼지고기 삼겹살을 간장, 굴소스 등으로 뭉근하게
졸인 음식으로 갈비찜, 동파육과 비슷한 양념에 향이 강
하지 않아 한국인도 무난하게 먹기 좋다. 푸껫에 처음 가
보는 사람이라면 첫발을 떼기 아주 좋은 음식!

02 호끼엔미 Hokkien Mee

중국에서 유래된 호끼엔미는 동남아 곳곳에서 즐겨먹는
국수 종류 중 하나다. 푸껫에선 중국, 말레이 이주민이 지
역에 있는 재료들로 호끼엔미를 만들어 먹기 시작하면서
토착화되었다. 짜장면 느낌이 나는 볶음국수, 국물 있는 물
국수 등 다양한 형태로 만들어진다. 푸껫 타운 근방
에 전통 로컬 식당들이 자리하고 있다.

03 크랩 옐로우 커리 Crab Yellow Curry

크랩 속살에 커리, 코코넛밀크를 넣고 끓여 낸 옐로우 커리는 뿌팟퐁까리의 국물 버전이라고 생각하면 이해가 쉽다. 부드러운 질감이지만 은근히 매콤하고 감칠맛도 살아 있다. 보통 가느다란 쌀국수를 넣어 먹는데 그 조합이 예술! 밥과 함께 먹어도 좋다.

04 깽솜 Kaeng Som

푸껫뿐 아니라 태국 남부 지역에서 즐겨먹는 국물 요리로 커리가 베이스지만 그 맛이 강하지 않고 오히려 타마린드를 넣어 새큼한 맛이 강하다. 대표 요리인 깽솜쁠라는 생선이나 생선 알을 주재료로 무, 콜리플라워, 배추, 그린빈 등 다양한 야채를 넣은 것이다. 묵은지 김치찌개가 연상되는 맛으로 해장에 제격이라 여행 내내 깽솜을 찾는 사람이 있을 정도로 중독성 넘친다.

05 카놈찐 Khanom Chin

태국에서 가장 오랜 역사를 가진 쌀국수 중 하나로 결혼이나 명절 등 큰 행사가 있을 때 빠지지 않는 메뉴다. '카놈'은 둥글게 반죽한 면, '찐'은 익다라는 뜻으로 카놈찐은 두 번 익힌 면이라는 뜻이다. 실제로 카놈찐은 4일간 숙성한 쌀을 쪄서 익힌 후 면 틀에 넣고 익히면서 짜내는 두 번의 과정을 거친다. 푸껫에선 여전히 한 끼 식사로 즐겨 먹는데 쌀국수에 각종 생채소와 채소절임 등을 충분히 얹고 커리향이 나는 특제 소스와 비벼 먹는다. 호텔 조식에도 빠지지 않는 푸껫 대표 메뉴 중 하나.

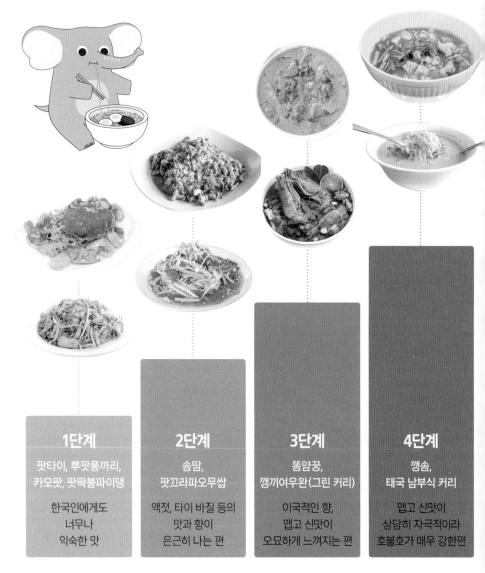

나도 태국 음식 고수?
태국 음식 레벨 체크

한국에서도 태국 음식을 쉽게 접할 수 있지만, 향신료 향과 매운맛, 신맛에 약한 사람에겐 여전히 다가가기 힘들 수 있다.
하지만 알고 보면 누구나 먹기 좋은 태국 음식들도 많으니 무난한 메뉴부터 시작해 단계를 높여 가는 것도 좋은
방법이다. 특히 고수 때문에 거부감을 가지는 경우가 많은데, 생각보다 고수가 들어가지 않는 음식도 많고
주문 전에 "마이 싸이 팍치(고수를 빼주세요)."라고 요청하면 되니 걱정할 필요 없다.

1단계
팟타이, 뿌팟퐁까리,
카오팟, 팟팍붕파이댕

한국인에게도
너무나
익숙한 맛

2단계
솜땀,
팟끄라파오무쌉

액젓, 타이 바질 등의
맛과 향이
은근히 나는 편

3단계
똠얌꿍,
깽끼여우완(그린 커리)

이국적인 향,
맵고 신맛이
오묘하게 느껴지는 편

4단계
깽솜,
태국 남부식 커리

맵고 신맛이
상당히 자극적이라
호불호가 매우 강한편

신선한 해산물을 저렴하게 실컷!

시푸드 레스토랑

해산물 먹방은 푸껫 여행의 또 다른 즐거움.
태국 그 어느 지역에서보다 다양한 해산물을 저렴하게 먹을 수 있다.
안타만해에서 갓 잡아 올린 해산물이니
신선함은 말하기 입 아플 정도.

한번 보면 다시 헷갈리지 않는
시푸드 레스토랑 이용법

Step 01

수족관이나 진열대 위에서 원하는 해산물을 고른다. 우리나라보다 가격이 저렴한 랍스터, 게, 타이거 쉬림프 등을 고르는 것을 추천한다.

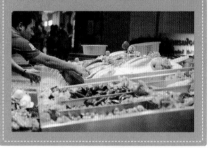

Step 02

무게를 정할 땐 처음부터 많은 양을 담지 말고 500그램 정도 무게를 달아 보고 원하는 만큼 빼거나 추가하는 것이 좋다.

Step 03

테이블 안내를 받고 자리를 잡은 후 구입한 해산물의 조리 방법을 선택한다. 보통 500그램이나 1킬로그램당 조리비가 정해져 있다.

대표적인 조리법 숯불 구이(BBQ), 튀김(Fried), 후추나 마늘과 함께 튀김(Fried with Pepper or Garlic), 찜(Steamed), 버터 구이(Baked with Butter), 사시미(Sashimi)

그밖에 원하는 조리 방법이 있다면 메뉴를 보거나 직원의 도움을 받자.

Step 04

카오팟, 솜땀, 똠얌꿍 등 해산물과 함께 먹을 다른 음식들은 메뉴를 보고 따로 주문하면 된다.

Step 05

계산서를 꼭 확인할 것! 종종 바가지를 씌우는 경우도 있으니 주문한 해산물 양과 금액을 잘 기억해 두고 확인하는 것이 좋다.

푸껫에서도 군계일학
추천 시푸드 레스토랑

깐앵 앳 피어 Kan Eang @pier

고풍스러운 분위기에서 시푸드를 먹고 싶다면 가장 먼저 추천하는 깐앵 앳 피어. 찰롱 항구 근처에 위치한다. 대표 메뉴인 랍스터, 타이거 쉬림프 사시미는 입에서 살살 녹는다. 와인 리스트도 훌륭한 편! ▶ 푸껫 남부 P.204

라와이 시푸드 마켓 Rawai Seafood Market

푸껫 남부에서 저렴하게 해산물을 먹을 수 있는 곳이 라와이 시푸드 마켓이다. 원하는 해산물을 사서 근처 음식점에 가져가면 원하는 대로 조리해 준다. 묵마니(P.206), 쿤파(P.207) 등이 유명하다. ▶ 푸껫 남부 P.203

사보이 시푸드 레스토랑 Savoy Seafood Restaurant

빠똥 비치, 방라 로드와 가까워 접근성이 좋은 사보이 시푸드 레스토랑. 한국인 관광객에게도 잘 알려진 곳이다. 입구에 전시된 해산물을 골라 원하는 방식으로 조리를 맡기는 시푸드 레스토랑의 정석. ▶ 빠똥 P.127

꿩 숍 시푸드 Kwong Shop Seafood

까따에서 오랫동안 영업 중인 꿩 숍 시푸드. 해변에서 조금 떨어져 있고 시설 내외부가 조금 정신없지만 그만큼 저렴한 가격에 해산물 요리를 주문할 수 있다. 맛도 준수한 편이니 가성비 좋게 해산물을 먹고 싶다면 강력 추천! ▶ 까따 P.151

풍경과 분위기에 취하는

바다 전망 레스토랑

아름다운 바다가 바로 보이는 전망 좋은 명당자리엔
어김없이 분위기 좋은 레스토랑이 자리한다. 해가 질 무렵, 물들어가는 바다를 보며 식사를 즐기면
푸껫의 밤은 더욱 황홀하고 낭만적으로 변한다.

플럼 프라임 스테이크하우스 Plum Prime Steakhouse

케이프 시에나 호텔 앤 빌라에서 운영하는 파인 다이닝 레스토랑. 현대적인 인테리어와 까말라 해변
의 멋진 전망이 합쳐져 더없이 로맨틱하다. 풀 안에 마련된 스페셜 테이블에 앉으면, 아름다운 바다와
석양 그리고 수영장의 반영이 어우러져 만든 신비한 분위기를 즐길 수 있다.

반림빠 Baan Rim Pa

빠똥 비치 북쪽, 깔림에 위치한 반림빠는 정통 태국 왕실 요리에 기반을 둔 고급 레스토랑이다. 창가, 테라스 좌석에서는 탁 트인 안다만해를 만날 수 있다. 특히 해 질 녘의 창가 좌석은 늘 인기니 일몰과 함께하고 싶다면 미리 확인하고 예약하자. ▶ 빠똥 P.125

온 더 락 On The Rock

마리나 푸껫 리조트의 부속 레스토랑인 온 더 락은 까론 비치를 한눈에 볼 수 있는 전망으로 유명하다. 해변가 좌석에 앉고 싶다면 예약은 필수. 자연 친화적인 목조 건물, 주변에 우거진 나무들이 멋스러운 데다 계단만 내려가면 해변이라 바다를 한껏 즐길 수 있다.

더 보트하우스 푸껫 The Boathouse Phuket

까따 비치 끝자락에 위치한 더 보트하우스. 우아한 분위기의 실내 공간과 바다 전망의 야외 테라스를 함께 운영하고 있다. 테라스에 앉으면 까따 비치의 전망과 함께할 수 있다. 훌륭한 음식에 와인 리스트도 충실하다.
▶ 까따, 까론 P.152

고급스럽고 완벽한 식사
호텔 레스토랑

유명한 리조트, 호텔이 많은 휴양의 천국 푸껫. 시설 좋은 숙소가 많은 만큼 호텔 레스토랑도 많다.
그중에서도 완벽한 시간을 만들어 주는 최고의 레스토랑만 엄선했다.

자라스 Jaras

인터컨티넨탈 푸껫 리조트(P.304)에 위치한 자라스
는 레시피에 영감을 준 할머니의 이름을 딴 레스토랑
이다. 인테리어는 수코타이 지역의 스타일을 모티브로
했으며 푸껫 현지에서 공수한 신선한 재료들로 음식을
만든다. 태국의 맛을 고급스럽게 구현해 미쉐린 가이
드에 이름을 올렸다.

더 덱 비치 클럽 The Deck Beach Club

빠똥에 위치한 포포인츠 바이 쉐라톤(P.295)에서 운영하는 비치 클럽으로 멋진 전망을 갖춘 인피니티 풀이 인상적이다. 투숙객 외에도 이용 가능하며 수제 버거가 특히 맛있다. 부드러운 번에 두툼한 소고기 패티, 여기에 로컬 생맥주까지 곁들이면 물놀이 후 식사로 이만한 게 없다.

끄루아딸랏야이 Krua Talad Yai

코트야드 바이 메리어트 푸껫 타운(P.305) 2층에 위치한 레스토랑으로 런치, 디너 프로모션으로 합리적인 식사를 즐길 수 있다. 특히 주말에 이용 가능한 마켓 플레이스 뷔페는 사시미, 스시 등 다양한 해산물 요리를 무제한 즐길 수 있다.

파람 파라 Param Para

까따 지역의 더 쇼어 앳 까따타니(P.298)에 위치한 태국 정통 레스토랑으로 내부 인테리어부터 눈길을 사로잡는다. 태국 전역에서 즐겨먹는 다양한 애피타이저들을 모은 플래터, 막대에 주렁주렁 매달려 나오는 사테는 보기만 해도 군침이 돈다.

세계인의 입맛을 사로잡은

미쉐린 가이드
선정 맛집

미쉐린 가이드에 이름을 올린 푸껫 맛집은 60여 개에 달한다.
그중 상당수가 푸껫 타운에 모여 있으며
가격까지 저렴한 로컬 식당이 많아 부담 없이 도장 깨기에 도전해 볼 수 있다.

오차롯 O Cha Rot

소고기 쌀국수를 전문으로 하는 곳으로 군더더기 없는 깔끔한 육수에, 소고기와 비프볼이 들어간다. 국물이 아주 맑고 깨끗해 쌀국수계의 평양냉면 같은 느낌. 양이 많지 않으니 큰 사이즈를 시키거나 밥을 말아 먹는 것을 추천한다.

📞 +66 76 213 347

고라 Go La

최고로 손꼽히는 호끼엔미 전문점으로 현지인에게도 늘 인기가 많다. 해산물을 다양하게 넣어 볶아주는 도톰한 면발의 호끼엔미는 동남아 스타일의 볶음면과 짜장면의 중간쯤 하는 맛으로 은은한 불향이 매력적이다.

📞 +66 76 630 409

로띠태우남 Roti Taew Nam

태국에서 흔히 먹던 로띠와는 조금 다른 남부 스타일의 로띠를 맛볼 수 있는 곳. 대로변에 있지만 간판이 전혀 눈에 띄지 않아 모르고 가면 지나치기 십상이다. 숯불을 지핀 원형 팬에 갓 구운 로띠를 매콤한 마사만 커리에 찍어 먹는 게 이곳의 시그니처인데 가볍게 한 끼 해결하기 딱 좋다. 📞 +66 76 210 061

아퐁매수니 A Pong Mae Sunee

수니 아줌마의 특별 레시피로 50년 넘게 태국식 코코넛 크레페를 판매하는 노점. 지금은 아들이 가업을 이어 가고 있는데 숯불에 얇게 구운 코코넛 과자는 순식간에 동이 난다. 예약을 하고 찾아가는 사람도 많아서 타이밍이 맞아야 구입할 수 있다. 가격도 1개 3바트로 아주 저렴하다. 📞 +66 86 743 7557

주머니가 가벼운 여행자를 위한
가성비 만점 로컬 맛집

푸껫은 세계적인 휴양지다 보니 다른 지역보다 물가가 비싼 편이다.
하지만 잘 찾아보면 저렴한 가격에 맛있는 로컬 음식을 먹을 수 있는 가성비 맛집이 곳곳에 있다.

넘버 식스 No.6

방라 로드 초입 부근에 자리한 넘버 식스는 빠똥에서 상당히 인기 좋은 로컬 식당이다. 주변 식당에 비해 가격이 저렴하고 대부분의 음식이 평균 이상의 맛을 자랑해 식사 시간엔 줄을 서서 먹어야 할 정도다.
▶ 빠똥 P.124

브라일리 치킨 앤 라이스 Briley Chicken and Rice

카오만까이로 유명한 브라일리. 빠똥에서 오랫동안 영업해 온 곳으로 현지인에게도 많은 사랑을 받고 있다. 닭고기 육수로 지은 밥 위에 삶은 닭고기를 올려주는데 담백하면서도 든든하다. 기본 사이즈는 60바트로 저렴하기까지 하다. ▶ 빠똥 P.125

솜찟 누들 Somjit Noodle

아담한 로컬 식당이지만 한국인에게 매우 유명한 솜찟 누들. 비빔국수와 물 국수가 있는데 면 종류도 선택할 수 있다. 그중 달걀을 넣어 반죽한 바미(에그 누들)가 유명하다. ▶ 푸껫 남부 P.204

쿤찟욧팍 Khun Jeed Yod Pak

푸껫 타운에서 현지인들에게 인기가 좋은 쿤찟욧팍. 랏나(전분을 넣어 걸쭉하게 만든 국수)와 사테(돼지고기 꼬치)가 대표 메뉴. 매우 깔끔하고 가격도 저렴하기로 유명해 포장이나 배달 주문도 많이 들어온다. ▶ 푸껫 타운 P.179

정갈한 한식이 그리울 때
푸껫 추천 한식당

아무리 태국 음식이 잘 맞다고 해도 매일같이 먹다 보면 한국 음식이 생각날 때가 있다.
매콤한 떡볶이나 시원한 김치찌개, 고소한 삼겹살이 생각난다면, 시내 곳곳에 있는 한식당으로 발걸음을 옮겨 보자.

마루 Maru

빠똥에 위치한 한식당 마루는 정실론에서 멀지 않고
내부 인테리어도 매우 깔끔하다. 삼겹살을 비롯한 찌
개류, 떡볶이, 비빔밥 등의 대표 한식 메뉴를 골고루 선
보인다. 정갈한 반찬들도 함께 나온다.
▶ 빠똥 P.129

세레스 푸껫 Ceres Phuket

찰롱에서 푸껫 타운으로 가는 길에 위치한 세레스. 쾌
적한 공간에서 다양한 메뉴를 맛볼 수 있다. 해외여행
중 꼭 생각나는 메뉴인 찌개 등 한식이나 떡볶이를 비
롯한 분식 말고도 짜장면 등 한국식 중식,
스테이크와 같은 양식도 함께 판매해
한식에 대한 갈증을 달래기에 부족
함이 없다. ▶ 푸껫 남부 P.205

미스터 궁 Mr. Gung

찰롱 피어에서도 차를 타고 가야 하는 애매한 위치긴
하지만 1인 300바트에 다양한 종류의 돼지고기는 물
론 김밥, 잡채, 떡볶이 등의 인기 한식을 무제한으로 가
져다 먹을 수 있어 현지인에게도 큰 인기다. 에어컨 없
이 열린 공간이라 덥지만, 이를 감안한다면 한식을 향
한 갈증을 완벽하게 해결할 수 있다. ▶ 푸껫 남부 P.208

🍴

군침이 도는 달콤한 유혹

열대 과일

두리안 Durian

축구공만한 사이즈에 뾰족한 돌기가 있는 독특한 모양의 두리안. 그 모양보다 더 독특한 냄새 때문에 대부분의 숙소에서 반입을 금지할 정도다. 하지만 영양가가 높고 부드러운 식감과 달콤함 때문에 열대 과일의 제왕이라고 불린다.

망고 Mango

열대 과일 중 가장 인기가 좋은 망고. 그 종류도 여러 가지며 먹는 방법도 다양하다. 생과일도 맛있지만 주스나 망고 스티키 라이스로도 즐긴다. 시장이나 노점에서 구입하면 바로 먹기 좋게 손질해 준다.

패션 프루트
Passion Fruit

새콤한 과일을 좋아한다면 패션 프루트가 정답. 딱딱한 껍데기를 반으로 가르면 검은 씨와 그것을 둘러싸고 있는 젤리 상태의 과육으로 가득 차 있다. 오독오독 씹는 맛과 함께 상큼함이 팡팡 터진다.

파파야 Papaya

진한 주황빛이 도는 잘 익은 파파야는 상당히 부드럽고 달콤하지만 특유의 향 때문에 약간 호불호가 갈린다. 덜 익은 파파야는 과육이 단단하고 단맛이 거의 없어 솜땀의 재료로 사용된다.

망고스틴 Mangosteen

자주색의 두꺼운 껍데기를 벗기면 마늘처럼 생긴 하얀색 과육이 나온다. 부드러운 식감에 단맛이 강해 아이들도 상당히 좋아한다. 5~9월이 제철이다.

한국에서도 많은 열대 과일을 맛볼 수 있지만, 현지에서 먹는 맛은 절대 따라갈 수가 없다.
열대 과일의 천국이라 불리는 푸껫에서 그 달콤한 유혹에 퐁당 빠져 보자.

파인애플 Pineapple

태국 파인애플은 유독 단맛이 강해 식후
디저트로 즐겨 먹는다. 기존 파인애플보다
훨씬 작은 미니 파인애플도 있으며 손질해서
파는 곳이 많아 쉽게 구입해 먹을 수 있다.
볶음밥 재료로도 많이 쓰인다.

용과 Dragon Fruit

선인장과의 하나인 용과는 전체적으로 예쁜 핑크색을 띠는데
반으로 자르면 흰색 과육에 검은 씨가 촘촘히 박혀 있는
반전을 감추고 있다. 부드러운 식감과
동시에 씨가 톡톡 씹히고,
과즙이 풍부하게 배어난다.

코코넛 Coconut

야자수 열매인 코코넛은 윗부분을 잘라
속의 과즙을 마시고 안쪽의 부드러운
과육은 수저로 긁어 먹기도 한다.
수분 보충에도 탁월해 무더운 날 마시면
더욱 꿀맛이다.

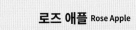

롱안 Longan

거봉 정도 크기의 다갈색 과일이 가지에 알알이
매달려 있다. 얇은 껍질을 벗기면 하얀 과육이
나오는데 쫄깃하면서 새콤달콤한 맛이 난다.
잘 익을수록 단맛이 강해진다.

로즈 애플 Rose Apple

촘푸라고 불리는 붉은 빛깔의 로즈
애플은 파프리카와 비슷한 모양이다.
과육은 하얀색이며 사과처럼
식감은 아삭하고 맛은
새콤달콤하다.

찜통더위도 한 방에!
대표 주류 & 음료

푸껫은 사계절 무더운 날씨가 이어지다 보니 여행을 하는 내내 시원한 마실 거리를 내려놓을 수 없다.
얼음 동동 띄워 먹는 로컬 맥주부터 그 밖의 다양한 음료들까지.
한 모금이면 무더위와 작별하는 추천 주류와 음료를 알아 보자.

맥주

창 Chang

초록색 병에 코끼리가 그려져 있는 창 맥주. 태국어 창은 코끼리를 의미한다. 향긋하고 부드러운 라거 맥주로 젊은 층에서 인기가 많다. 태국 3대 맥주인 싱하, 레오 맥주에 비해서 약간 도수가 높은 편이다. 초록색 병 때문인지 해변에서 마시면 더욱 청량한 느낌을 준다.

싱하 Singha

싱하 맥주는 현지에서는 싱 비어로 불리기도 한다. 태국 신화에 나오는 사자 형상의 로고로 창과 함께 여행자들에게 가장 인기가 좋다. 5% 도수의 라거로 목 넘김이 상당히 부드럽다. 창이나 레오에 비해 가격은 약간 비싼 편.

레오 Leo

태국 시장 점유율 1위에 달하는 인기 맥주. 싱하를 만든 회사 분로드에서 국내 맥주 점유율을 높이기 위해 좀 더 저렴하게 생산, 판매하는 맥주다. 여행자들에게 창과 싱하만큼의 인기는 없지만 가격이 저렴하고 깔끔한 라거 스타일이라 더운 나라에서 마시기 좋다.

푸껫 Phuket

비치와 야자수, 새가 그려진 트로피컬한 로고의 푸껫 맥주는 2002년부터 생산된 프리미엄 로컬 비어다. 첨가제나 방부제를 사용하지 않으며 2~3개월마다 소량을 생산한다. 그래서 푸껫의 특정 마트나 바에서만 구입할 수 있다.

찰라완 비어 Chalawan Beer

찰라완은 태국 최초의 크래프트 비어로 열대 과일, 꽃, 감귤 향이 어우러진 페일에일이다. 2016년 영국 런던에서 열린 세계 맥주 대회에서 금상을 수상할 정도로 맛이 좋고, 갈증 해소에도 탁월하다. 생맥주로 판매하는 펍들도 푸껫 곳곳에 있다. 찰라완이라는 이름과 악어 그림은 태국 전통 신화에서 영감을 얻은 것이라고 한다.

푸껫 주류 구입 Tip

불교 국가인 태국에서는 소매점의 주류 판매 시간을 엄격하게 제한한다. 마트, 편의점 등에선 11:00~14:00, 17:00~24:00에만 구입 가능하다. 부처 관련 공휴일 등 술 구매가 아예 불가한 날들도 있다.

증류주

생솜 SangSom

태국 국민 증류주로 알려진 생솜은 창 비어를 생산하는 타이 비버리지에서 만든 럼이다. 수입 럼에 비해 가격대가 상당히 저렴한 편이고 마트, 편의점 등에서 쉽게 구할 수 있다. 대부분 생솜에 소다나 에너지음료, 콜라 등 음료와 얼음을 함께 넣어 마신다.

리젠시, 홍통
Regency, Hong Thong

생솜 외에도 리젠시, 홍통, 블렌드285 등의 태국 로컬 위스키들이 있다. 편의점, 마트 등에서도 많이 판매하며 음식점에서 주문해도 크게 비싸지 않다. 주로 얼음에 소다, 콜라를 붓고 칵테일로 만들어 마신다. 리젠시의 경우 '인터내셔털 푸드 유럽 어워드'에서 수상할 만큼 맛이 보증된 데 비해 가격도 저렴하고, 판매하는 곳도 많아 선물용으로 구입하기 좋다.

버킷 칵테일

태국에서 만나는 특별한 것 중 하나가 버킷 칵테일이다. 작은 플라스틱 양동이에 태국 로컬 위스키나 보드카를 붓고 콜라, 사이다, 소다, 에너지음료 등을 취향대로 넣어 섞어 마신다. 빨대를 꽂아 일행들과 함께 마시는 것이 특징. 푸켓보다는 피피에서 더 많이 볼 수 있다.

음료

생과일주스 Fresh Fruit Juice

열대 과일의 천국 푸껫에선 다양한 생과일주스를 맛볼 수 있다. 땡모반(수박 주스)과 더불어 망고, 패션 프루트 주스가 특히 인기 있고, 개중에는 얼음과 함께 갈아 스무디로 판매하는 곳도 많다. 코코넛의 경우 구매하면 바로 윗부분을 따주어 과즙을 쉽게 먹을 수 있다. 어느 주스든 레스토랑에서 100바트 내외로 주문 가능하며 테이크아웃 되는 곳도 많아 언제든 쉽게 수분과 당을 보충할 수 있다.

타이 티 Thai Tea

태국식 밀크티를 타이 티, 태국어로는 차옌이라고 한다. 홍차에 연유, 설탕, 우유를 넣어 만든다. 음식점에서도 판매를 하지만 길거리 노점상에선 20~30바트대로 더욱 저렴하게 먹을 수 있다. 많이 단 편이지만, 무더위에 당 충전을 하기엔 더없이 좋다.

끄라팅 댕

전 세계적으로 즐겨 마시는 에너지 드링크는 태국의 제약회사에서 개발한 끄라팅 댕이 원조. 그러다 보니 태국에서는 끄라팅 댕이 10바트 정도로 저렴해 더욱 사랑받는다. 로컬 위스키와 함께 섞어 마시는 것이 보편적이다.

무더위를 피하는 오아시스
푸껫 쇼핑몰

정실론 Jungceylon

푸껫에서 가장 유명한 쇼핑몰이자 빠똥의 랜드마크인 정실론. 쇼핑뿐만 아니라
식사, 마사지, 숙박, 재밌거리를 한 번에 해결할 수 있는 복합 문화 공간으로 200
개 이상의 상점이 모여 있다. 태국 최고 대형 마트 빅씨도 있어 물건도 편하게 구
매할 수 있다. 리모델링을 거치며 2022년 12월부터 부분 개장을 시작했으며,
2023년 중 완전 개장 예정이다. ▶빠똥 P.114

> 정실론과 센트럴 고객 센터에서는 여
> 권을 제시하면 여행자 할인 카드를 발
> 급해 준다. 일부 브랜드에 한해 할인
> 혜택을 받을 수 있고 다양한 프로모션
> 도 진행된다.

덥고 습한 푸껫에선 대형 쇼핑몰은 오아시스 같은 역할을 한다.
쇼핑뿐 아니라 먹고 마시고 즐길 수 있는 복합 문화 공간으로 더위에 지친 몸과 마음을 쾌적하게 달랠 수 있다.

센트럴 빠똥 Central Patong

2019년 2월에 오픈한 센트럴 빠똥. 정실론 바로 맞은편이
라 자연스럽게 빠똥의 양대 산맥이 되었다. 모던한 외관
에 쾌적한 실내 분위기, 한국의 백화점과 매우 흡사해 쇼
핑에만 집중하기엔 정실론보다 더 낫다. 푸드 마켓과 푸드
코트, 다양한 란제리 브랜드와 수영복 코너가 인기가 많
다. ▶빠똥 P.116

센트럴 푸껫 Central Phuket

푸껫 타운 외곽에 위치한 센트럴 푸껫. 백화점 센트럴 페
스티벌과, 식당, 영화관이 모여 있는 복합 문화 공간으로
최근 센트럴 푸드 홀, 고급 백화점인 푸껫 플로레스타를
오픈하면서 규모를 더욱 확장했다. 인기 글로벌 브랜드,
명품 매장이 입점해 제대로 쇼핑을 즐기기엔 여기만 한
곳이 없다. 센트럴 빠똥과 무료 셔틀이 연결되어 편하게
모두 둘러볼 수 있다.

태국 대표 할인 마트
빅씨 쇼핑 리스트

똠얌꿍

세계 3대 수프 중 하나인 똠얌꿍. 끓이기만 하면 되는 분말, 페이스트 등 다양한 형태의 소스가 있고 라면으로도 먹을 수 있다.

벤또

태국 간식 중 한국 여행자들에게 인기가 좋은 벤또. 매콤 달콤한 양념이 밴 쥐포로 감칠맛 끝판왕이라 맥주 안주로 딱이다. 작은 사이즈도 있어서 선물용으로 인기가 많다.

말린 과일

열대 과일의 천국 태국에선 말린 과일 종류 역시 그만큼 다양하다. 망고, 파파야, 파인애플, 두리안, 코코넛, 바나나까지. 특히 말린 망고가 인기이며 시식해 보고 구입할 수 있다.

치약

유명 치약 회사들의 공장이 태국에 있는 경우가 많아 한국에서보다 훨씬 저렴하게 구입할 수 있다. 센소다인, 덴티스테 등이 특히 인기. 흑인 치약으로 알려진 달리 치약도 저렴하다.

김 과자

아이들 간식, 맥주 안주로 너무 좋은 김 과자. 바삭하게 튀긴 김에 여러 종류의 양념이 배어 취향대로 골라 먹을 수 있다.

피트네 허브티

피트네 허브티는 장이 민감한 사람들에게 아주 인기가 많다. 티백으로 된 차를 우려 마시면 배변 활동이 활발해져 일명 '태국 똥차'라고도 불린다. 변비가 있다면 적극 추천!

빅씨는 태국을 넘어 동남아 전역에 지점을 두고 있는 대표 할인 마트로 푸껫에는 정실론, 푸껫 타운 등에 있다. 식품, 생필품 등 각종 상품들이 다양하게 준비되어 태국에서 꼭 사 와야 할 물건을 한 번에 구입할 수 있다.

소스

태국 음식이 대중화되면서 현지에서 식재료를 구입해 오는 사람도 많다. 한국보다 훨씬 저렴하게 구입할 수 있기 때문. 피시 소스, 칠리소스, 코코넛 밀크 등 아주 다양한 소스가 있다.

헤어 케어 제품

태국에서는 강한 자외선 때문에 머리카락 손상이 심해 헤어 케어 제품이 다양하게 나온다. 특히 팬틴의 경우 현지에 공장이 있어 국내보다 훨씬 저렴하게 구입 가능하다.

꿀

품질 좋기로 유명한 태국 꿀. 왕실 인증 마크가 있는 꿀부터 브랜드도 다양하다. 작은 사이즈에 튜브나 스틱으로 된 것도 있어서 가벼운 데다 잘 터지지 않고 가방 빈 공간에 가득 넣기도 좋다. 게다가 가격까지 저렴! 패밀리 마트, 세븐 일레븐 등 편의점에서도 쉽게 찾아볼 수 있다.

태국 위스키

태국 위스키는 저렴한 가격에 작은 사이즈도 있어 선물용으로 구입하기 좋다. 생솜, 리젠시, 홍통, 블렌드285 등이 있다.

여행 선물은 여기서 한 번에

드러그 스토어 쇼핑 리스트

폰즈 비비 파우더

한국 연예인이 사용해서 큰 유명세를 탔던 폰즈 비비 파우더. 습한 날씨에 끈적이는 피부를 뽀송하게 유지시켜주고 커버력도 좋은 편! 가격까지 저렴해 한국 여행자들이 많이 쟁여 오는 제품 중 하나다.

No.7 화장품

영국에서 인기리에 판매 중인 No.7 화장품을 푸껫에서 저렴하게 구입할 수 있다. 그중 세럼은 BBC의 뷰티 프로그램에서 블라인드 테스트 1위를 차지하기도 했다고.

OLAY 화장품

태국의 스킨케어 브랜드 OLAY(올레이). 다양한 기초 제품이 있지만, 그중에서도 7가지 효능을 한 번에 담은 토탈 이펙트 크림이 스테디셀러다.

잠복

태국의 국민 연고라고 불리는 잠복은 벌레에 물렸을 때나 타박상, 화상에도 두루두루 바를 수 있는 제품이다. 저렴한 가격에 활용도가 높아 선물용으로도 인기다.

푸껫에서도 왓슨스, 부츠 등의 드러그 스토어를 빈번하게 볼 수 있다.
화장품과 의약품을 주로 판매하며 가성비 좋은 로컬 브랜드부터 해외 유명 브랜드의 제품들까지
다양하게 갖추고 있다. 상대적으로 가격도 저렴한 편이다.

모기 퇴치제

1년 내내 모기가 많은 푸껫에선 모기 퇴치제가 필수품! 들고 다니기 좋은 작은 사이즈의 제품도 있으니 여행 초반에 들러 구입하면 도움이 된다.

야돔

평소 비염이 있거나 코가 막힐 때 야돔을 코 가까이 대고 숨을 들이마시면 막혔던 코가 뻥 뚫린다. 사이즈도 작고 가격도 저렴하니 경험 삼아 사용해 보는 것도 괜찮다.

호랑이 연고

태국은 물론 동남아 전역에서 인기가 좋은 타이거 밤 제품들. 보통 근육통이나 멀미가 있을 때 사용한다. 밤, 파스 형태가 있으며, 크림 타입도 있어 들고 다니며 바르기도 편하다.

스트렙실

갑자기 목이 아플 때나 기침이 나올 때 스트렙실 하나면 해결! 딸기, 오렌지, 허니 & 레몬 등 다양한 맛이 있고 사탕처럼 녹여 먹으면 목이 편안해진다.

푸껫에서 절대 놓칠 수 없는
로컬 쇼핑 아이템

현지에서만 살 수 있는 유니크한 제품들을 득템하는 소소한 재미를 느껴 보자.
곳곳에 크고 작은 로컬 마켓들이 많아 의외의 장소에서 맘에 쏙 드는 제품을 찾을 수도 있다.

바캉스 룩

여행을 떠나기 전, 예쁜 옷이 없다고 걱정하지 않아도 된다. 일 년 내내 여름인 푸껫에 가면 얼마든지 마음에 드는 옷과 소품들을 구입할 수 있다. 태국에서 즐겨 입는 코끼리 바지나 민소매 티셔츠뿐 아니라 트로피컬 무드의 화려한 의상을 쉽게 찾을 수 있다. 챙이 넓은 모자나 샌들, 라탄 백까지 몸에 두르면 그야말로 완벽한 바캉스 룩이 완성!

비치 웨어

일 년 내내 수영을 할 수 있는 푸껫에선 훨씬 다양한 수영복과 비치 웨어를 만날 수 있다. 태국 브랜드의 수영복 중엔 세계 미인 대회에 협찬으로 들어가는 것도 있다고. 국내에서 구하기 어려운 독특한 디자인의 제품들도 많다. 그 밖에 비치 타월, 튜브, 슬리퍼, 비치 볼 등 물놀이 용품도 어디서든 쉽게 구입 가능하다.

다양한 기념품

본인 소장용, 지인 선물용으로 많이 구입을 하는 기념품. 태국적인 디자인, 실용성, 특색을 갖춘 물건이 다양해 고민이 될 정도다. 귀여운 냉장고 자석, 열대 과일 모양의 비누, 이름을 새겨 넣을 수 있는 여권 지갑, 각종 아로마 용품 등에는 관광객의 손길이 끊이지 않는다. 코코넛 껍질로 만든 동전 지갑, 그릇 등도 선물용으로 그만이다.

와코루 속옷

일본의 유명 속옷 브랜드인 와코루. 태국 현지 공장에서 생산하기 때문에 한국에 비해 훨씬 저렴한 가격대로 구입 가능하다. 편하고 재질이 좋아 나이 불문하고 인기가 많다. 대형 쇼핑몰마다 거의 입점해 있다.

쇼핑을 즐겼다면 필수!
택스 리펀드

택스 리펀드, 받으려면 이건 꼭!

① 택스 리펀드가 가능한 매장인지 쇼핑 전 먼저 확인하기

② 동일 날짜에 한 매장(백화점의 경우 여러 매장 합산 가능)에서 2,000바트 이상 물건을 구입한 후, 세금 환급 서류 받기. 이때 여권을 꼭 지참하고, 영수증도 꼭 챙겨 놓을 것!

공항에서 세금 환급을 받는 법

① 입국 심사 전, 세관(Custom Office)을 방문해 영수증 원본과 세금 환급 서류를 보여주고 도장을 받는다. 이때 구입한 물건들을 확인할 수 있으니 소지를 하고 있는 게 좋다.

② 입국 심사를 마친 후 입국 심사대 안쪽에 있는 부가세 환급 창구(Tax Refund Office)를 방문해 부가세 환급을 진행한다.

③ 수수료를 제외하고 부가세를 환급 받는다. 단, 1만 바트 이상의 고가 상품들은 다시 확인할 수 있으니 수하물로 부치지 않도록 유의하자.

PART 3

진짜
푸껫을
만나는
시간

한눈에 보는 푸껫

AREA 01
빠똥

푸껫 여행의 시작이자 끝인 빠똥. 섬에서 가장 큰 해변인 빠똥 비치, 최고 유흥 거리 방라 로드, 푸껫 최대 복합 쇼핑몰 정실론, 이 세 축을 중심으로 푸껫 여행의 모든 것이 담겨 있는 곳이 바로 빠똥이다. 휴양, 유흥, 쇼핑 등 푸껫에서 할 수 있는 모든 즐길 거리가 있는 올인원 휴양지! 푸껫에 갔다면 무조건 빠똥에 들러야 한다는 말이 과언이 아니다.

AREA 02
까따, 까론

푸껫 대표 휴양지 까따, 까론. 빠똥보다 훨씬 한적하고 느슨한 분위기의 해변이라 휴양을 목적으로 하는 여행자들이 많이 찾는다. 바다가 무척 시원하게 탁 트여 있기로 유명하고 그 위로 지는 석양은 푸껫에서 손꼽힐 정도로 아름답다. 다양한 숙소가 모여 있고, 그 주변에 상가가 형성되어 온전히 휴가에 집중할 수 있는 해변, 그곳이 바로 까따, 까론이다.

AREA 03
푸껫 타운

결코 평탄하지 않은 역사를 가진 푸껫. 푸껫 타운은 그 역사를 고스란히 머금고 있다. 특히 19세기 주석 광산 개발로 말레이, 중국 이주민들이 푸껫 타운에 자리 잡으면서 여러 가지 문화가 뒤섞이기 시작했고 그렇게 혼합된 문화가 푸껫 타운을 고유한 색으로 물들였다. 푸껫의 개성과 진짜 모습을 만나고 싶다면 푸껫 타운에 방문해 느긋한 산책을 즐겨 보자.

AREA 04
푸껫 남부

중부, 북부에 비해 개발되지 않은 푸껫 남부에는 보석 같은 해변과 소박한 어촌 마을이 곳곳에 숨겨져 있다. 그래서 푸껫의 자연 경관을 제대로 보고 싶다면 푸껫 남부로 향해야 한다. 푸껫 최남단 프롬텝 케이프에서는 푸껫에서 가장 아름다운 일몰을 눈에 담고, 푸껫의 랜드마크 빅 붓다에 올라 푸껫섬을 둘러보면 남부의 매력에 푹 빠질 것이다.

AREA 05
푸껫 북부

아는 사람은 여기로만 간다는 푸껫 북부. 방타오, 수린 등 개성과 매력이 넘치는 해변들과 라구나를 중심으로 모여 있는 리조트 단지, 가까운 공항 등 푸껫 북부는 휴양지로서 장점이 아주 많아 한 번 발을 들이면 꼭 다시 찾게 된다. 특히 아무에게도 방해받지 않고 휴식하고 싶다면 한적하고 깔끔한 푸껫 전체를 통틀어도 푸껫 북부만 한 지역이 없다.

푸껫 북부

푸껫

빠똥

푸껫 타운

까론

푸껫 남부

까따

푸껫
들어가기

푸껫 공항은 시내에서 35km가량 떨어진 섬 북쪽에 있어 주요 관광지인 빠똥 이남 지역으로 가려면 차량으로 최소 1시간 이상 걸린다. 모든 직항편이 저녁에 도착하기 때문에, 재빨리 숙소로 가려면 미리 교통수단을 정하는 것이 좋다.

택시

푸껫은 현지 물가에 비해 택시비가 상당히 비싼 편이다. 공항~시내 구간은 정액 요금을 부과하는 경우가 대부분인데 푸껫 타운까지는 650바트, 빠똥 800바트, 까따, 까론은 1,000바트 정도다. 바가지를 씌우는 택시 기사도 있으니 탑승 전 금액 흥정을 확실히 해 둬야 한다.

차량 픽업 서비스

픽업 예약 홈페이지

클룩 klook.com
케이케이데이 kkday.com

가장 추천하는 이동수단은 차량 픽업 서비스다. 한국에서 출발하는 비행기는 늦은 밤에 도착하기 때문에 최대한 빨리, 안전하게 이동하는 것이 좋다. 클룩, 케이케이데이 등의 예약 사이트를 통해 여행 출발 전 미리 예약할 수 있다. 인원수에 맞춰 차량 종류도 선택할 수 있는 데다 대부분의 차량이 깔끔하다. 기본 차량의 경우 택시비보다 저렴하며 고정된 요금이라 가격을 흥정할 필요 없어 편하다.

미니버스

같은 지역으로 가는 사람을 모아 미니버스로 함께 이동한다. 노선은 관광객이 많이 찾는 빠똥, 까따, 까론 지역에 한정되어 있다. 가격은 1인당 180~200바트 정도로 저렴하지만 여러 호텔을 들르며 사람을 내려주다 보니 시간이 오래 걸릴 수 있다. 주로 1인 여행자, 배낭 여행자가 선호하는 방법이다.

버스

버스 예약 홈페이지

8411 공항버스
airportbusphuket.com

에어포트 버스 익스프레스
phuketairportbusexpress.net

스마트 버스
phuketsmartbus.com

공항에서 푸껫 타운, 까따, 라와이 비치로 운행하는 3개의 노선이 있다. 하지만 공항에서 출발하는 막차가 오후 9시면 모두 끊기기 때문에 자정 즈음에 도착하는 한국 출발 여행자가 버스를 이용하기는 어렵다. 까따, 푸껫 타운까지 1시간 30분이 걸리고 배차 간격도 1시간 정도라 짧은 일정으로 떠나는 여행자에게는 무리가 있지만, 혹시 모르는 상황을 위해 기본 정보와 예약처 정도는 알아두자.

버스	운행구간	운행시간	배차간격	소요시간	요금
8411 공항버스	공항-센트럴 페스티벌-푸껫 타운	공항 출발 08:30~20:30 푸껫 타운 출발 06:00~18:00	1시간	1시간 30분	30~100바트 (구간별 요금 상이)
에어포트 버스 익스프레스	공항-빠똥-까따	공항 출발 07:30~20:00 까따 출발 10:00~19:00	30분~1시간	1시간 30분	빠똥 150바트, 까따 200바트
스마트 버스	공항-라와이 비치	공항 출발 06:00~21:00 라와이 비치 출발 06:00~21:30	1시간	1시간 50분	100바트

푸껫 여행의 중심

빠똥 PATONG

#관광중심지 #올인원여행지 #나이트라이프 #쇼핑
#빠똥비치 #정실론 #방라로드 #로컬식당

푸껫 여행의 중심 빠똥. 섬에서 가장 큰 빠똥 비치를 중심으로
최고 유흥 거리 방라 로드가 길게 뻗어 있다.
그 옆으로 푸껫 최대 쇼핑몰 정실론이 서 있어 빠똥에서는
편안한 낮과 화려한 밤을 모두 경험할 수 있다.
저렴한 레지던스에서 럭셔리 리조트, 길거리 음식부터
정통 왕실 요리까지, 세상 모든 입맛을 맞춰 줄 수 있는
완벽한 휴양지가 바로 빠똥이다.

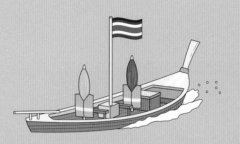

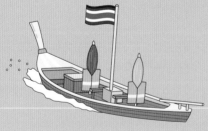

10 라 그리타

사이딴

04 반림빠

02 넘버 나인
08 시 솔트 라운지 앤 그릴

01 오리엔타라 스파

03 브라일리 치킨 앤 라이스

부처스 가든 11   05 팟츠 파인츠 앤 티키스

마루 12   05 시즌 마사지 빠똥
06 이모션 마사지

럽 디

PATONG BEACH

빠똥 비치 01   빠똥 병원

02 서프 하우스 빠똥

쿠도 비치 클럽 07   06 키 스카이라운지

사보이 시푸드 레스토랑 07

일루전 푸껫
방라 로드 09   01   01 넘버 식스

타이거 나이트 클럽 02
뉴욕 라이브 뮤직바 03

바나나 워크 05   04 센트럴 빠똥   WELCOME TO PATONG BEACH PHUKET THAILAND

08 로마 리스토란테 &
피자리아 다 마우로   03 정실론

방라 복싱 스타디움 •

06

반산 프레시 마켓

09 매만니 그릴드 포크   02 렛츠 릴렉스

송피농 06

07 더 치노 야드   드 플로라 스파 04   03 파이브 스타

홀리데이 인
리조트 푸껫   05 산사바이 2 타이 푸드

하드 록 카페 04   08 오탑 마켓

🚶 SIGHTSEEING   🍴 EATING   🍸 NIGHTLIFE   MASSAGE   🛏 SLEEPING

111

푸껫에서 가장 활기 넘치는 해변 ┄┄┄ ①

빠똥 비치 Patong Beach

안다만해와 접하는 푸껫의 서해안에서 가장 유명하고 규모가 큰 곳이 빠똥 비치다. 활처럼 완만한 곡선을 그리는 백사장의 길이가 약 4km에 달한다. 그 넓은 백사장이 알록달록한 파라솔 아래에 누워 햇볕을 만끽하는 사람과 파라세일, 서핑과 같은 해양 액티비티를 즐기는 사람으로 늘 붐빈다. 해변을 따라 야자수가 늘어서 있고 나무 그늘 아래로 노천 상점이 자리해 다양한 길거리 음식을 판매한다. 해변가 도로에는 비치 레스토랑도 여럿 있어 물놀이 도중에도 편하게 식사할 수 있다. 건기인 11~4월이 빠똥 비치에서 물놀이하기 가장 좋은 시기이며 우기엔 파도가 자주 높아지니 모래 위에 붉은 깃발이 꽂혀 있을 때는 주의해야 한다. 푸껫 3대 해변으로 뽑힐 만큼 아름다운 데다, 항상 에너지로 가득해 푸껫에서 가장 즐거운 해변을 고르라고 하면 누구든 빠똥 비치라고 대답할 것이다.

🚶 정실론에서 도보 11분
📍 Patong Beach Patong, Kathu District, Phuket

인공 풀장에서 즐기는 서핑 ⋯⋯ ②

서프 하우스 빠똥 Surf House Patong

시프 하우스 빠똥은 빠똥 비치와 방라 로드에서 멀지 않은 곳에 있는 서핑 체험장이다. 파도가 치는 인공 풀장이라 날씨나 시간에 구애받지 않고 서핑을 즐길 수 있다. 1시간 단위로 이용 가능하며, 홈페이지를 통해 예약하면 된다. 풀장 주변으로 바와 테이블 좌석이 있어 꼭 서핑하지 않더라도 음료를 마시거나 식사할 수 있다. 지켜보는 사람이 많아 서핑을 할 때 어느 정도의 용기가 필요하니 참고! 밤이 되면 신나는 DJ 파티도 함께 진행된다.

🏃 정실론에서 도보 8분, 빠똥 비치 앞 비치 로드
📍 151 Thawewong Rd, Patong, Kathu District, Phuket
🕙 10:00~22:00 🅱 스탠다드 세션(1시간) 990바트,
프라이빗 세션(1시간, 최대 10명) 8,950바트
📞 +66 824 166 554 🏠 surfhousephuket.com

푸껫을 대표하는 쇼핑몰 ······ ③

정실론 Jungceylon

한국인의 입에도 착착 붙는 정실론이란 이름은 푸껫의 옛 지명을 그대로 따온 것이다. 빠똥의 랜드마크인 정실론은 쇼핑, 식사, 마사지, 숙박 등을 한 번에 해결할 수 있는 복합 문화 공간으로, 푸껫의 필수 코스 중 하나다. 맞은편에 또 다른 쇼핑몰인 센트럴 빠똥이 있고 중심 거리인 방라 로드와 라우팃 로드가 이어져 빠똥 여행의 시작과 끝은 정실론이라고 해도 과언이 아니다. 200개 이상의 상점이 모여 있는 정실론은 그 거대한 공간이 크게 더 정글, 더 베이, 더 가든, 더 버태니카의 네 구역으로 나누어져 있다. 투어리스트 전용 부스에 가서 프리빌리지 카드를 발급 받으면 상품 구입 시 최고 50%까지 할인 혜택을 받을 수 있으니 절대 잊지 말 것! 빠똥, 까따, 까론의 많은 호텔이 이곳까지 오는 무료 셔틀을 운행하고 있으니 확인하고 이용하는 것이 좋다.

코로나19를 맞이해 전체적으로 리노베이션하는 중으로 22년 12월 16일 더 버태니카와 더 정글 구역 일부가 공개되었다. 기존 운영하던 빅씨 엑스트라, 스타벅스, 맥도날드 등의 매장과 함께 로빈슨 백화점이 그 문을 활짝 열었으니 빠똥에 갔다면 정실론에 들러 쾌적한 시간을 가져 보자.

🚶 빠똥 비치에서 도보 11분　📍 Rat-u-thit 200 Pee Rd, Patong, Kathu District, Phuket
🕐 11:00~22:00　📞 +66 76 600 111　🌐 jungceylon.com

태국 국민 백화점
로빈슨 Robinson

더 버태니카와 함께 새로운 모습을 선보인 로빈슨. 오랫동안 푸껫에 자리 잡은 국민 백화점 브랜드답게 있어야 할 모든 것을 갖추고 돌아왔다. 향수, 화장품, 시계는 물론이고 신발 등 각종 패션 잡화까지 없는 것이 없어 머리부터 발끝까지 바캉스 룩으로 바꿔 입고 휴가 분위기를 제대로 내볼 수 있다. 한국인에게 인기 좋은 와코루 매장도 있어 기념품 사기도 좋다.

🕐 11:00~20:00

기념품, 생필품 여기서 한 번에 끝
빅씨 엑스트라 Big C Extra

정실론에서 유일하게 운영하는 대형 마트! 태국의 대표 할인 마트인 빅씨는 푸껫에도 여러 지점이 있는데 정실론에 있는 매장이 접근성이 좋아 관광객이 많이 찾는다. 태국 여행 가면 꼭 산다는 벤또, 똠얌꿍 라면, 꿀, 김 과자 등을 저렴하게 구입할 수 있어 여행 마지막 날 들러 쇼핑하면 딱이다. 망고, 수박, 파파야 등 깔끔하게 손질된 열대과일을 비롯한 신선 식품도 다양하다.

🕐 09:00~23:00

아이에게는 놀이공간, 어른에게는 휴식공간
키주나 & 몰리 판타지
Kidzoona & Molly Fantasy

로빈슨 3층에는 어린이를 위한 키즈 카페 키주나와 몰리 판타지가 나란히 있는데, 키주나에서 종일권을 구입하면 하루 종일 자유롭게 들어갔다 나왔다 할 수 있다. 큰 공간에 대형 슬라이드, 볼 풀 등 다양한 놀이 세트가 있어 아이들이 시간 가는 줄 모른다. 바로 옆으로 키즈 전용 오락실, 몰리 판타지가 이어져 아이 동반 가족에게 인기다.

🕐 10:00~21:00 ฿ 주중 어린이 2시간 300바트, 종일권 320바트, 어른 2시간 100바트, 종일권 120바트

센트럴 빠똥 Central Patong

2019년 2월 문을 연 태국 유명 쇼핑몰 센트럴의 빠똥 지점. 정실론 바로 맞은편이라 자연스럽게 빠똥 쇼핑의 양대 산맥으로 자리매김했다. 모던한 외관에 쾌적한 실내 분위기가 한국의 백화점과 매우 흡사하다. 1층은 글로벌 코스메틱 브랜드와 액세서리 브랜드가 주를 이루며 2~3층에는 브랜드 패션, 잡화, 와코루 등의 속옷 매장이 있다. 쇼핑에만 집중하기엔 복잡하고 거대한 정실론보다 더 좋다. 지하엔 센트럴 푸드 홀과 푸드 코트, 유명 식당 체인들이 있어 쾌적하고 여유 있는 식사도 가능하다. 매장 건물 앞에서 노점도 운영한다.

🏃 빠똥 비치에서 도보 10분, 정실론 맞은편 📍 198/9 Rat U Thit Rd, Patong, Kathu District, Phuket
🕐 10:30~ 23:00
📞 +66 76 600 499
🏠 central.co.th

달콤하게 녹이는 무더위
애프터 유 After You

방콕 유명 디저트 카페인 애프터 유가 센트럴 빠똥 1층에도 문을 열었다. 빙수와 팬케이크, 토스트 등의 일본식 디저트가 주를 이루는데 현지인에게 인기가 많아 늘 붐빈다. 여러 가지 토핑을 얹은 빙수가 유명한 카페로 망고 스티키 라이스, 타이 티, 스트로베리 치즈케이크 빙수가 대표 메뉴다. 달콤하고 입에서 사르륵 녹는 빙수는 푸껫의 무더위에 지친 이들에게 오아시스가 되어준다.

🕐 10:00~22:00

믿음직하고 신선한 식료품
센트럴 푸드 홀 Central Food Hall

지하에 있는 센트럴 푸드 홀은 백화점이 직영하는 식료품 매장으로 전체적으로 진열이 매우 깔끔해 물건이 눈에 쏙쏙 들어온다. 신선한 식재료를 판매하는데 먹기 좋게 손질된 열대 과일, 생과일주스 등은 특히 인기나. 수입품 매내도 따로 마련되어 있는데, 한국 라면이나 과자도 자주 눈에 띈다.

🕐 10:30~23:00

해변의 깔끔한 멀티 콤플렉스 ······ ⑤
바나나 워크 Banana Walk

빠똥 비치 앞에 위치한 바나나 워크는 20년이 넘게 빠똥을 지킨 바나나 디스코에서 운영하는 멀티 콤플렉스로 음식점과 카페, 피트니스 센터 등이 모여 있다. 특히 와인 커넥션, 커피 클럽, 스타벅스와 같은 인기 체인 레스토랑과 카페, 핌나라 스파 등의 마사지 숍이 모여 있어 여행 중 방문하기 좋은 휴식처로 잘 알려져 있다. 도로를 사이에 두고 바로 빠똥 비치가 있으며 방라 로드도 근처라 최고의 접근성을 자랑한다. 하지만 아직 임시 휴업 중인 매장이 많아 예전의 활기를 찾으려면 좀 더 시간이 필요할 것 같다.

◆ 23년 1월 현재 코로나19로 인해 부분 임시 휴업 중
🏃 정실론에서 도보 8분, 빠똥 비치 앞 📍124/11 Thawewong Rd, Patong, Kathu District, Phuket 🕐11:00~23:00
📞+66 76 341 489 🏠bananawalkpatong.com

신선한 먹거리를 판매하는 곳 ······ ⑥
반산 프레시 마켓 Banzaan Fresh Market

정실론에서 멀지 않은 곳에서 자리한 반산 프레시 마켓은 신선한 먹거리를 전문으로 판매하는 시장이다. 2층 건물 중 1층에선 채소, 과일, 육류와 각종 해산물을 저렴하게 판매하고, 2층은 푸드 코트에서는 구입한 식재료를 바로 조리해 먹을 수 있다. 시푸드 레스토랑과 동일한 방식으로, 구입한 해산물을 가져가 원하는 방식대로 조리를 부탁하면 된다. 조금 허름한 분위기긴 하지만 주변 시푸드 레스토랑에 비해 훨씬 저렴한 편이다. 어두워지기 시작하면 반산 마켓 밖으로도 노점상이 줄지어 열리는데, 각종 먹거리부터 옷, 패션 잡화, 기념품 등을 판매하는 곳도 꽤 있어 구경할 만하다.

🏃 정실론에서 도보 3분, 정실론 후문 사거리 근처
📍Sai Kor Rd, Patong, Kathu District, Phuket
🕐06:00~23:00 📞+66 81 273 8067

더 치노 야드
The Chino Yard

빠똥 비치 해변가에 새로 생긴 노천 시장으로 넓은 공터에 음식을 파는 노점상과 푸드 트럭이 늘어서 있다. 테이블도 마련되어 있어 자유롭게 음식을 사다 먹으면 된다. 옷이나 패션 잡화 등을 판매하는 곳이 있긴 하지만 먹거리가 대부분. 햇빛을 피할 곳이 없으니 느지막한 오후나 밤에 방문하는 것이 좋다. 깔끔한 분위기에서 가볍게 주전부리 정도 즐길 만하다.

🚶 정실론에서 도보 11분 📍 64 Thawewong Rd, Patong, Kathu District, Phuket
🕐 09:00~24:00

오탑 마켓 OTOP Market

빠똥의 인기 숙소들 주변에 형성된 오탑 마켓은 빠똥을 대표하는 야시장이다. 방라 로드, 정실론에서 약간 떨어져 있을 뿐인데 훨씬 번잡하지 않아 여유를 갖고 둘러볼 수 있다. 각종 시푸드부터 태국 음식, 주전부리를 판매하는 노점 식당이 거리를 따라 쭉 늘어서 있고 패션 잡화, 불놀이 용품, 기념품 상점도 꽤 많은 편이다. 동그란 방갈로 형태의 노천 바에서 삼삼오오 모여 맥주를 마시는 사람도 자주 눈에 띈다. 일반 상점은 낮에도 열지만 늦은 오후쯤 방문해야 좀 더 다양한 볼거리와 즐길 거리를 만날 수 있다.

🚶 정실론에서 도보 9분, 홀리데이 인 리조트 맞은편
📍 237/15-20 Rat U Thit Rd, Patong, Kathu District, Phuket
🕐 17:00~24:00 📞 +66 92 264 8908
f facebook.com/otopmarket.official

방라 로드 Bangla Road

뜨거운 태양이 사라지고 어둠이 내려오면 해변에 있던 사람들이 방라 로드로 모여들기 시작한다. 푸껫에서 가장 화려한 유흥 거리인 이곳은 빠똥 비치와 연결되어 있고 정실론과 매우 가깝다. 고요하던 거리에 화려한 네온사인이 켜지고 각종 펍, 클럽, 라이브 바가 영업을 시작한다. 그때부터 호객하는 사람들의 활기와 여행객의 설렘이 거리를 에너지로 가득 채운다. 푸껫의 밤을 제대로 즐기고 싶다면 피크 타임인 10시~12시 사이에 방문해 보자. 거리에는 길거리 음식을 파는 노점상이 늘어서 갖가지 간식을 맛볼 수 있고, 곳곳에서 길거리 공연이 열려 밤의 열기에 더욱 불을 지핀다. 이 열기를 더 뜨겁게 즐기고 싶다면 일루전 푸껫(P.130) 같은 신나는 클럽에 찾아가 보자. 반대로 그 속에서 여유가 필요하다면 거리가 보이는 바에 앉아 느긋하게 분위기를 즐기자. 오가는 사람과 거리의 풍경을 보는 것만으로도 충분히 색다른 경험이 될 것이다.

🚶 정실론에서 도보 3분 📍 198, 4 Bangla Rd, Patong, Kathu District, Phuket

야식 먹기 딱 좋은 곳
방라 로드 마켓 Bangla Road Market

방라 로드에도 골목길을 따라 야시장이 열린다. 거리 양쪽으로 각종 먹거리를 판매하는 상점이 있고 가운데에는 테이블이 설치되어 식사하거나 맥주 한 잔하기 좋다. 팟타이, 쌀국수 등 태국 음식을 비롯해 각종 해산물과 과일이 신선하게 준비되어 있고, 사테 등 다양한 길거리 음식 역시 맛있는 냄새를 솔솔 풍긴다. 가격도 저렴하고 늦은 시간까지 영업해 출출한 배를 채우기 위해 오는 사람으로 늘 붐빈다.

●

푸껫에서만
즐길 수 있는
색다른
공연

무에타이 경기를 직접 볼 수 있는 곳

방라 복싱 스타디움 Bangla Boxing Stadium

태국의 인기 스포츠인 무에타이는 1,000년가량 이어진 전통 무술로 타이 복싱이라고 부르기도 한다. 주먹, 팔꿈치, 무릎 등 신체 부위로 상대방을 때려 승부를 가르는 격투로 1950년대에 룰을 갖춘 스포츠로 자리를 잡았다. 푸껫에는 무에타이 경기를 직접 볼 수 있는 곳이 많은데, 그 중 가장 유명한 곳이 방라 복싱 스타디움이다. 매주 수, 금, 일요일 경기가 진행되며 좌석 타입에 따라 가격이 다르다. 경기장 내에는 맥주 바도 운영 중이라 무에타이와 맥주가 함께하는 강렬하고 특별한 밤을 즐길 수 있다.

🏃 정실론에서 도보 1분, 반산 마켓 맞은편
📍 198/4 Rat U Thit Rd, Patong, Kathu District, Phuket
🕐 수, 금, 일요일 21:00~종료 시까지
฿ 스타디움 1,600바트, VIP 2,000바트
📞 +66 95 412 5628
🏠 facebook.com/BanglaBoxing

© phuket-simoncabaret.com

화려한 트랜스젠더 쇼

사이먼 카바레 푸껫 Simon Cabaret Phuket

푸껫에는 트랜스젠더 쇼를 볼 수 있는 곳이 꽤 있는데 그 중 가장 유명한 곳이 빠똥의 사이먼 카바레다. 무대를 가득 채운 댄서들이 화려한 의상을 입고 다양한 퍼포먼스를 펼쳐 공연 내내 눈을 뗄 수가 없다. 선정적인 내용 없이 신나는 공연 위주로 진행되기 때문에 남녀노소 모두 즐겁게 관람할 수 있다. 한국인 관광객도 꾸준히 찾는 공연이라 한복을 입고 부채춤을 추기도 한다. 공연은 매일 19:30, 21:00에 두 차례 진행되며, 티켓은 각종 대행업체를 통해 구입하는 것이 훨씬 저렴하다. 공연장은 빠똥 남단에서 까론으로 넘어가는 길 중간에 있는데, 구매 조건에 따라 빠똥, 까따, 까론 지역에 한해 픽업 서비스를 제공하니 꼼꼼히 확인하는 것이 좋다.

🏃 정실론에서 택시 5분 또는 도보 25분, 까론 비치 방향
📍 8 Sirirat Rd, Patong, Kathu District, Phuket
🕐 18:00~22:30 ฿ N석 800바트, R석 1,000바트
📞 +66 87 888 6888 🏠 simoncabaretphuket.com

넘버 식스 No.6

빠똥에서 가장 인기 좋은 식당인 넘버 식스는 정실론 맞은편에 있다. 빠똥 비치
와 방라 로드에서도 멀지 않아 발길이 끊이질 않는다. 손님이 많은 데 비해 가게
내부가 그리 넓지 않기 때문에 다른 사람과 합석해 식사하기도 한다. 대부분의
음식이 평균 이상의 맛을 내며 무엇보다 100~200바트 내로 가격이 저렴해 가성
비 좋은 식당으로 정평이 나있다. 에어컨도 없고 정신없는 분위기지만 정통 로컬
음식을 합리적으로 맛볼 수 있는 최고의 레스토랑이다.

🏃 정실론에서 도보 3분 📍 69 Rat U Thit Rd,
Patong, Kathu District, Phuket
🕐 08:30~24:00 ฿ 팟타이 80바트,
목살 바비큐 150바트, 똠얌꿍 150바트,
팟팍붕파이댕 80바트 📞 +66 81 922 4084

넘버 나인 No.9

빠똥 비치 북쪽에 있는 로컬 식당으로 해변과 가까운 쪽에 1호점, 같은 거리 안
쪽으로 2호점을 두고 있다. 분위기나 메뉴는 크게 다르지 않으니 가까운 곳을
방문하면 된다. 번잡하지 않은 지역에 위치해 다른 곳보다 조용하고 여유롭게 식
사할 수 있고, 그래서 관광객뿐 아니라 현지인도 많이 찾는다. 태국식, 서양식 메
뉴가 다양하게 준비되어 선택의 폭이 넓지만, 비슷한 분위기의 로컬 식당에 비해
가격은 조금 비싼 편이다. 똠얌꿍이 조금 지겹다면, 매콤한 묵은지 김치찌개 맛
이 나는 태국 남부식 수프, 깽솜을 주문해 보자. 직원들도 친절한 편!

🏃 정실론에서 택시 5분 📍 209 Thanon Rd,
Patong, Kathu District, Phuket
🕐 10:30~22:00 ฿ 깽솜 250바트,
똠얌꿍 170바트, 솜땀 타이 100바트
📞 +66 76 341 575

브라일리 치킨 앤 라이스
Briley Chicken and Rice

브라일리는 푸껫 타운의 코타카오만까이와 함께 푸껫의 양대 카오만까이 맛집으로 손꼽힌다. 20년 이상 영업해 오며 현지인에게 꾸준히 사랑받는 곳으로, 늦게 방문하면 재료가 떨어져 주문할 수 없을 때도 있다. 닭을 삶은 육수로 밥을 짓고 그 위에 부드러운 살코기만을 올려 주는 카오만까이에 특제 소스를 더하면 담백하면서도 감칠맛이 살아있는 든든한 한 끼가 된다. 함께 주는 닭 육수도 국물이 맑고 시원해 한국인 입맛에 딱! 태국식 족발을 올린 카오카무와 망고 스티키 라이스도 맛있고 저렴해서, 다양하게 주문해 맛보기에도 안성맞춤이다.

🚶 정실론에서 도보 13분 📍 102 Rat U Thit, 200 Pee Rd, Patong, Kathu District, Phuket ⏰ 07:00~20:00
💲 카오만까이 스몰 60바트, 라지 70바트, 카오카무 스몰 60바트, 라지 70바트 📞 +66 81 597 8380 🏠 facebook.com/pages/Briley-Chicken-rice-in-Paton/161919260542351

반림빠 Baanrimpa

빠똥 북쪽 깔림 지역에 위치한 반림빠는 아름다운 바다 전망을 자랑하는 레스토랑이라 해 질 무렵에 저녁 식사를 즐기는 것이 가장 좋다. 현지인에게도 워낙 유명한 곳이라 창가 자리를 선점하려면 예약은 필수. 다른 식당에 비해 낯선 메뉴가 많고 메뉴에 사진이 없어 선택하기 조금 어려울 수 있지만, 재료와 조리법이 자세히 설명되어 있으니 천천히 읽어 보고 고르면 된다. 직원도 친절하게 응대해 주니 추천 메뉴를 문의해도 괜찮다. 태국 남부식 요리부터 정통 왕실 요리까지 다양하게 만나볼 수 있고, 어떤 음식이든 맛있다는 말이 절로 나올 정도라 푸껫 최고 맛집으로 이곳을 고르는 사람도 많다. 특히 왕실에서 즐겨 먹는 꽃 모양의 태국식 덤플링, 초무앙은 비주얼부터 맛까지 완벽하다. 와인 리스트도 훌륭하니 아름다운 석양에 와인 한잔 곁들여 로맨틱한 저녁을 만들어 보자.

🚶 정실론에서 택시 10분 📍 249/4 Prabaramee Rd, Kalim, Patong, Kathu District, Phuket ⏰ 12:00~23:00
💲 각종 생선구이 요리 700바트, 푸껫 스타일 커리 365바트, 초무앙 295바트 📞 +66 92 274 9095 🏠 baanrimpa.com

가성비 좋은 태국 음식과 신선한 시푸드 ······ ⑤

산사바이 2 타이 푸드
Sansabai 2 Thai-Food

홀리데이 인 푸껫, 그랜드 머큐어 푸껫 빠똥 등 한국인 여행객이 선호하는 숙소 근처에 있는 로컬 음식점으로 많은 투숙객이 가볍게 식사하러 발걸음을 옮기는 곳이다. 시원하게 탁 트인 구조의 건물에 널찍한 테이블이 넉넉하게 배치되어 편안하게 식사하기 좋다. 기본적인 태국 음식부터 신선한 해산물 요리까지 메뉴가 아주 다양한 것은 물론, 합리적인 가격에 맛도 좋은 편이라 저녁 시간에는 늘 사람으로 붐빈다. 메뉴 중에서도 게살을 먹기 좋게 발라 만든 뿌팟퐁까리는 가격과 맛 모두 칭찬할 만하다.

🚶 정실론에서 도보 8분, 그랜드 머큐어 푸껫 빠똥 맞은편
📍 237/1 Rat U Thit Rd, Patong, Kathu District, Phuket
🕐 10:00~01:00　฿ 뿌팟퐁까리 200바트,
다양한 소스의 새우 요리 150바트, 팟타이꿍 100바트

부담없이 먹기 좋은 로컬 음식 ······ ⑥

송피농 Song Pee Nong

송피농은 빠똥에서 맛이 준수하고 가격이 합리적인 로컬 식당으로 손꼽힌다. 홀리데이 인 리조트에서 한 블록 거리라 접근성도 아주 좋은 편. 근처에 하드 록 카페(P.132)와 괜찮은 시설의 마사지 숍이 많아 늘 활기찬 분위기가 느껴진다. 카오팟삽빠롯(파인애플 볶음밥), 솜땀, 팟타이 등 기본적인 태국 음식 모두 평균 이상의 맛을 낸다. 각종 해산물을 우리나라 수산 시장처럼 무게당 금액으로 판매하는데 해변 근처의 시푸드 레스토랑들보다 훨씬 저렴하다. 코코넛, 수박, 망고 등 신선한 과일로 만들어주는 과일 셰이크도 별미다.

🚶 정실론에서 도보 8분, 홀리데이 인 리조트 근처
🕐 10:00~23:00　฿ 카오팟 150바트, 텃만꿍 180바트,
솜땀 100바트, 해산물 볶음밥 120바트, 얌운센 150바트
📞 +66 81 968 0887

사보이 시푸드 레스토랑
Savoey Seafood Restaurant

푸껫에서 가장 유명한 시푸드 레스토랑 중 하나인 사보이는 빠똥 비치에서 한 블록 정도 떨어져 있고 방라 로드와도 아주 가까워 쉽게 들를 수 있다. 가게 앞의 수족관에 각종 해산물을 전시해 두고 무게당 금액으로 판매하는데, 해산물의 양과 조리법을 먹고 싶은 대로 선택할 수 있다. 시가로 판매하는 해산물 외에도 대부분의 태국 요리가 준비되어 있어 골고루 주문할 수 있으며 한글 메뉴도 구비되어 있어 주문도 편리하다. 500여 석을 갖춘 초대형 규모의 식당이라 단체로 식사하기 좋고, 에어컨이 있는 실내 공간도 있으니 더위에 약하다면 좌석을 잡을 때 미리 문의하자.

🚶 정실론에서 도보 6분, 비치 로드와 방라 로드가 만나는 지점
📍 136 Thawewong Rd, Patong, Phuket ⏰ 10:00~24:00
💲 랍스터 220바트(100그램), 타이거 쉬림프 200바트(100그램), 크랩 100~120바트(100그램) 📞 +66 76 341 171
🏠 facebook.com/savoeyseafoodpatong

로마 리스토란테 & 피자리아 다 마우로
Roma Ristorante & Pizzeria Da Mauro

여행 중 태국 음식이 먹기 어려워 햄버거나 피자 등을 찾는 경우가 더러 있다. 다행히 푸껫에는 화덕 피자, 파스타 등 이탈리안 음식을 전문으로 하는 레스토랑이 꽤 있다. 그중 바나나 워크 쇼핑몰 2층에 위치한 로마 리스토란테 & 피자리아 다 마우로는 접근성이 좋고 가격이 합리적이라 인기가 많다. 피자 및 파스타의 종류가 다양하고, 화덕 피자라 확실히 담백하다. 테라스에 앉으면 탁 트인 빠똥 비치를 볼 수 있어, 해가 질 무렵에 방문하면 더욱 근사하다.

🚶 정실론에서 도보 8분, 바나나 워크 쇼핑몰 2층 📍 124 Thawewong Rd, Patong, Kathu District, Phuket ⏰ 12:00~24:00
💲 화덕 피자 300바트~, 까르보나라 290바트, 아라비아타 280바트 📞 +66 76 341 330

태국식 삼겹살 무까타 맛집 ⸺⑨
매만니 그릴드 포크
Maemanee Grilled Pork

푸껫에서도 삼겹살을 포기할 수 없다면 태국식 삼겹살 무까타에 도전해 보자. 무는 돼지고기, 까타는 불판을 뜻하는데, 일반적인 한국식 불판과는 달리 테두리에 홈이 있어 야채나 해산물, 고기 등을 육수와 함께 끓여 먹을 수 있다. 구이와 샤브샤브 스타일 두 가지를 한 번에 즐길 수 있다는 것이 무까타의 가장 큰 매력! 무까타를 주문하면 고기나 해산물, 야채 등 원하는 재료를 계속 추가할 수 있어 배부르고 맛있는 한 끼를 먹을 수 있다. 무까타 말고 팟타이, 똠얌꿍 등 대표적인 태국 음식도 메뉴에 있고, 빠똥 비치 바로 앞이라 방문하기도 편하다.

🚶 정실론에서 도보 11분 📍 17 237/1 Patong, Kathu District, Phuket 🕐 11:00~22:30 ฿ 무까타 239 바트, 재료 추가 가능 📞 +66 98 015 9558 🏠 facebook.com/maemaneemokata

©lagritta.com

빠똥 남쪽을 품은 이탈리안 레스토랑 ⸺⑩
라 그리타 La Gritta

아마리 푸껫 리조트(P.294)에서 운영하는 라 그리타는 정통 이탈리안 레스토랑으로 호텔 투숙객뿐만 아니라 일반 손님도 이용할 수 있다. 위치상 빠똥 비치 남쪽 해안을 품고 있어 레스토랑에서 해안 전체를 감상할 수 있다는 것이 가장 큰 매력. 두 개 층으로 이루어진 레스토랑의 1층은 모던한 디자인이 멋스럽고 2층은 개방형 테라스로 탁 트인 바다를 보며 좀 더 느긋하게 식사나 칵테일을 즐길 수 있다. 인기가 제일 좋은 해 질 녘에 방문하려면 예약은 필수. 이탈리아 출신 셰프가 있어 제대로 된 정통 이탈리안 요리를 맛볼 수 있고 칵테일과 와인도 훌륭해 안다만 해의 아름다움을 안주 삼아 로맨틱한 밤을 보내기에 제격이다.

🚶 정실론에서 택시 6분, 아마리 푸껫 리조트 내
📍 2 Muen-ngern Rd, Patong, Kathu District, Phuket
🕐 12:00~23:00 ฿ 코스 요리 1인당 1,850바트,
마르게리따 피자 380바트, 프로슈토 피자 510바트,
라자냐 490바트(10% 서비스 차지, 7% VAT 별도)
📞 +66 76 340 112 🏠 lagritta.com

드라이 에이징 스테이크 전문점 ······ ⑪
부처스 가든 Butcher's Garden

부처스 가든은 호텔 인디고 푸껫(P.295)의 부속 레스토랑으로 호텔 투숙객과 일반 손님 모두 조식 뷔페와 점심, 저녁 식사까지 세 끼 모두 즐길 수 있는 곳이다. 프리미엄 드라이 에이징 스테이크를 전문으로 하며 원하는 부위, 양, 굽기를 취향대로 선택할 수 있다. 덴마크, 괌 등지에서 스테이크 하우스를 운영했던 전문 셰프가 칼을 잡아 아주 질 좋은 스테이크를 맛볼 수 있다. 이외에도 태국 음식, 시푸드 디시, 브런치 등 다양한 메뉴가 준비되어 있다.

🚶 정실론에서 도보 9분, 노보텔 푸껫 빈티지 파크 리조트 맞은편 📍 124 Floor 1/2 Rat U Thit Rd, Patong, Kathu District, Phuket
🕐 06:30~22:30 🅱 티본 스테이크 1,500바트, 립아이 스테이크 890바트 (10% 서비스 차지, 7% VAT 별도)
📞 +66 76 609 999
🏠 phuketpatong.hotelindigo.com

정갈하게 한식 한 끼 ······ ⑫
마루 Maru

아무리 산해진미가 많아도 한국 음식에 대한 그리움을 완전히 떨쳐버리긴 쉽지 않다. 빠똥에서 만약 그런 생각이 든다면 정갈한 한식을 맛볼 수 있는 마루를 추천한다. 한식당답게 김치찌개, 된장찌개, 비빔밥 같은 대표 한식은 물론이고, 삼겹살을 비롯한 다양한 구이도 준비되어 있다. 한국처럼 식사에 밥이 같이 나오고 밑반찬도 충실하고 다양하며 한국 주류와 음료도 갖추어 제대로 된 한식 한 상을 맛볼 수 있다. 호텔 인디고 푸껫 근처이고, 오리엔타라 스파(P.135)에서에서 도보 5분 거리라 함께 다녀오는 것을 추천한다.

🚶 정실론에서 도보 10분 📍 124/3 Rat U Thit Rd, Patong, Kathu District, Phuket 83150
🕐 11:00~23:00 🅱 돌솥 비빔밥 350바트, 김치찌개 280바트, 된장찌개 280바트, 삼겹살 380바트 📞 +66 76 366 219

©illuzionphuket.com

푸껫 최대, 최고의 클럽 ······ ①

일루전 푸껫 Illuzion Phuket

최대 4,500명까지 수용 가능한 대형 클럽 일루전은 빠똥에서 가장 인기가 많은 곳으로 세계 10대 클럽에 이름이 오르내릴 정도로 유명하다. 최신 음향 및 조명 장비를 갖추어 신나는 하우스 음악과 화려한 불빛이 클럽을 꽉 채운다. 무대 뒤 벽면에 거대한 스크린이 있는데, 이곳에 투사된 비디오 그래픽이 음악, 조명과 어우러져 몽환적이고 화려한 분위기로 클럽을 물들인다. 특별 게스트 DJ 공연이 수시로 진행되고, 외국 전문 댄서들이 등장하는 라스베이거스 스타일의 쇼도 열려 다양한 볼거리도 제공한다. 무대 앞쪽의 스탠딩 스테이지를 기준으로 빙 둘러 VIP 테이블이 있는데, 인터넷 홈페이지를 통해 미리 테이블을 예약할 수 있다. 밤 12시 정도에 사람이 가장 많으니 시간 맞춰 방문하는 게 좋다.

🏃 정실론에서 도보 2분 📍 31 Bangla Rd,
Patong, Kathu District, Phuket
🕐 21:00~02:00 ฿ 맥주 200바트, 칵테일
200~300바트 📞 +66 64 454 4985
🏠 illuzionphuket.com

방라 로드의 터줏대감 호랑이 ⋯⋯ ②
타이거 나이트 클럽 Tiger Night Club

방라 로드를 걷다보면 금방이라도 튀어나올 것 같은 호랑이 조형물이 눈에 확 들어온다. 이곳이 바로 이름하여 타이거 나이트 클럽. 3층 규모의 거대한 클럽으로 1층에는 안쪽 깊은 곳까지 60개의 오픈 바가 자리하고 포켓볼을 비롯한 각종 즐길 거리가 배치되어 있다. 바 위에서 추는 봉춤이 유명한데, 워낙 공간이 개방적이고 눈에 띄어 방라 로드를 오가며 쉽게 볼 수 있다. 2층과 3층은 디스코 음악이 나오는 전형적인 나이트 클럽으로 취향에 맞게 밤을 즐기면 된다. 각종 호객 행위에 넘어가거나 바가지를 쓰지 않도록 주의하는 것은 필수!

🚶 정실론에서 도보 2분 📍 198, 4 Bangla Rd, Patong, Kathu District, Phuket
🕐 21:00~04:00 📞 +66 83 183 7777
🏠 facebook.com/Tigerdanceclub

실력 있는 라이브 밴드 공연 ······ ③
뉴욕 라이브 뮤직바
New York Live Music bar

방라 로드를 오가다 음악 소리에 자연스럽게 발걸음을 멈추면 있는 곳이 바로 뉴욕 라이브 뮤직바. 실력 있는 밴드 뮤지션이 매일 밤 공연하기 때문에 단골손님이 상당히 많다. 신나는 팝 음악 위주의 선곡이라 전 세계 여행자가 다 함께 즐기기 좋고, 종종 한국 노래나 한국어 인사도 들을 수 있다. 뮤지션이 대체로 젊고 에너지가 넘쳐서 공연을 보는 내내 흥이 샘솟는다. 입장료는 따로 없으며 로컬, 해외 맥주는 100~200바트 정도니 부담 없이 방문해 보자.

🚶 정실론에서 도보 2분 📍 68 Bangla Rd, Patong, Kathu District, Phuket
🕐 18:30~02:00 ฿ 맥주 100~200바트
📞 +66 89 217 7799
🏠 facebook.com/NEWYORKLIVEMUSICBAR

푸껫에서 만나는 아메리카 ······ ④
하드 록 카페 Hard Rock Cafe

태국에서 세 번째로 오픈한 미국의 대표 패밀리 레스토랑, 하드 록 카페. 홀리데이 인, 그랜드 머큐어 등의 리조트가 밀집한 지역에 있고, 입구에 세워진 기타 모양의 입간판이 저 멀리서도 눈에 들어온다. 나초부터 퀘사디아, 미국의 맛을 제대로 느낄 수 있는 햄버거까지 다양한 텍스 멕스 푸드를 메인으로 판매하며, 매일 밤 10시부터 라이브 공연도 진행된다. 2층 건물에는 로큰롤과 관련된 인테리어 소품과 기념품 등을 전시 및 판매해 구경하는 재미도 쏠쏠하다.

🚶 정실론에서 도보 10분, 홀리데이 인 리조트 근처 📍 48/1 Ruamjai Rd, Patong, Kathu District, Phuket 🕐 12:00~24:00
฿ 오리지널 레전더리 버거 639바트, 클럽 샌드위치 359바트 📞 +66 96 930 7494
🏠 hardrockcafe.com

트렌디함 가득한 모던 펍 ······⑤
팟츠 파인츠 앤 티키스 Pots Pints & Tikis

호텔 인디고 푸껫(P.295)에서 함께 운영하는 팟츠 파인츠 앤 티키스는 호텔 건물 1층 구석에 자리한다. 바가 있는 실내는 모던한 가구를 중심으로 꾸며졌고, 외부에도 테이블이 넓게 마련되어 밤이 되고 조명이 켜지면 분위기가 더욱 좋아진다. 같은 빠똥이어도 방라 로드 주변처럼 번잡하지 않아 DJ가 틀어주는 음악과 함께 여유롭게 한잔하기 제격이다. 태국 음식뿐만 아니라 햄버거, 피자 등의 양식, 나초, 감자튀김과 같은 안주 등 메뉴가 다양해 가볍게 식사하기도 좋다. 가격대는 다른 곳에 비해 조금 비싼 편이지만 그만큼 퀄리티 좋은 칵테일과 여러 종류의 와인을 마실 수 있다. 오후 5시에서 7시, 해피 아워를 이용하면 저렴하게 주류를 즐길 수 있으니 참고하자.

🚶 정실론에서 도보 10분, 호텔 인디고 푸껫 1층 코너
📍 124 Floor 1/1 Rat U Thit Rd, Patong, Kathu District, Phuket 🕐 12:00~24:00 ฿ 똠얌꿍 피자 390바트, 피시 앤 칩스 300바트, 팟타이꿍 290바트, 칵테일 260바트~
📞 +66 76 609 920 🏠 phuketpatong.hotelindigo.com

빠똥 전망과 함께 칵테일 한 잔 ······⑥
키 스카이라운지 KEE Sky Lounge

빠똥 비치에서 매우 가까운 더 키 리조트(P.296)의 키 스카이라운지는 탁 트인 전망으로 빠똥 비치를 볼 수 있어 현지인, 여행자 모두에게 사랑받는 곳이다. 방라 로드, 정실론도 근처라 접근성이 좋다는 것도 인기 비결 중 하나. 중앙의 원형 바와 마린룩을 착용한 직원 덕분에 마치 대형 보트를 타고 항해하는 것 같다. 멋진 일몰을 감상하기 위해 오는 사람이 많기 때문에 오픈 시간에 맞춰 가는 것을 추천한다. 식사도 가능하지만 칵테일 한두 잔 마시고 일어나는 사람이 대부분이라 부담 없이 간단한 칵테일과 풍경을 즐겨도 문제 없다. 술을 좋아한다면, 오후 5시 30분부터 7시 30분까지 2시간 동안 인당 499바트에 무제한 칵테일을 즐겨 보자.

🚶 정실론에서 도보 9분, 방라 로드 근처 더 키 리조트 내
📍 152/1 Thawewong Rd, Patong, Kathu District, Phuket
🕐 17:30~24:00 ฿ 칵테일 280~320바트, 로컬 맥주 160바트, 클럽 샌드위치 240바트 📞 +66 76 335 800
🏠 thekeeresort.com

요즘 가장 핫한 비치 클럽 ······ ⑦
쿠도 비치 클럽 KUDO Beach Club

푸껫 최고의 클럽인 일루전에서 함께 운영하는 쿠도 비치 클럽은 요즘 빠똥에서 가장 인기 있고 유명한 곳이다. 쿠도 호텔, 이탈리안 레스토랑도 함께 운영하고 있어 투숙객은 저녁 식사부터 칵테일, 숙박을 한 번에 즐길 수 있다. 빠똥 비치 바로 앞에 있는 수영장 주변으로 선베드나 테이블이 설치되어 마냥 늘어져 칵테일이나 맥주를 즐기며 시간을 보내기 좋다. 피자, 파스타 등 다양한 이탈리안 메인 메뉴도 있어 식사도 가능하지만 음식에 대한 평이 좋은 편은 아니니 일몰 시간에 방문해 피맥 정도 가볍게 먹는 걸 추천한다. 특정일엔 DJ 공연도 하는 풀 파티가 열리니 관심 있다면, KUDO 공식 인스타 계정(@kudobeachclub)을 통해 스케줄을 확인하고 방문하면 된다.

🚶 정실론에서 도보 6분, 방라 로드 입구에서 도보 1분
📍 33/1 Beach Rd, Patong, Kathu District, Phuket
🕐 11:00~24:00 🏦 칵테일 250~320바트,
피자 200~390바트 📞 +66 64 119 2526
🏠 kudophuket.com

아름다운 석양에 곁들이는 칵테일 ······ ⑧
시 솔트 라운지 앤 그릴
Sea Salt Lounge & Grill

빠똥 북쪽의 깔림 비치 앞에 위치한 시 솔트 라운지 앤 그릴은 다이아몬드 클리프 리조트의 부대시설로 레스토랑과 라운지 두 개의 구역으로 나뉘어져 있다. 라운지는 원형 바를 중심으로 바다를 마주하는 구조로 좌석이 배치되어 있어 안다만해를 마음껏 감상할 수 있다. 낮보다는 오후 늦게 방문해 눈앞의 바다 위로 펼쳐지는 환상적인 일몰을 감상해 보자. 오후 5시 30분부터 7시까지는 50% 할인된 가격으로 음료를 주문할 수 있는데 칵테일이 한 잔에 200바트가량이라 아주 합리적이다. 타코, 오징어튀김 등의 애피타이저 메뉴를 곁들여도 좋다. 연인과 함께 로맨틱한 식사를 하고 싶다면 예약을 추천한다.

🚶 정실론에서 택시 10분, 다이아몬드 클리프 리조트 맞은편
📍 225 Phrabarami Rd, Patong, Kathu District, Phuket
🕐 12:00~24:00 🏦 오징어 튀김 280바트, 와규 비프 타코 390바트, 칵테일 280~310바트(서비스 차지 10%, VAT 별도 7%) 📞 +66 76 623 555 🏠 seasaltpatong.com

오리엔타라 스파
Orientala Spa

빠똥에서 인기 많은 마사지 숍 중 하나인 오리엔타라는 깔끔한 시설과 위생은 물론이고 실력 좋은 마사지사가 많기로 이름나 이미 입소문이 자자하다. 특히 원하는 마사지 부위를 체크하고 강도까지 선택할 수 있는 맞춤형 서비스가 일품. 정실론에서 도보 15분 거리라 접근성도 좋기 때문에 예약하지 않으면 원하는 시간대에 마사지를 받기 힘들다. 다양한 사이트를 통해 좀 더 저렴하게 예약할 수 있고 빠똥 지역 내에선 무료 픽업 서비스가 포함된 경우도 있으니 꼼꼼히 체크해 보자.

🚶 정실론에서 도보 15분, 라우팃 로드를 따라 북쪽 📍 49/145 Rat U Thit Rd, Patong, Kathu District, Phuket 🕙 10:00~23:00 ฿ 오리엔타라 트리오 1,700바트(2시간), 타이 마사지 600바트(1시간), 1,000바트(2시간), 아로마 테라피 오일 마사지 2,000바트(2시간) 📞 +66 76 290 435~6 🏠 orientalaspa.com

렛츠 릴렉스 Let's Relax

태국 전역에 체인을 두고 있는 유명 마사지 숍 렛츠 릴렉스. 푸껫에도 8개의 지점이 있는데 그중 세 곳이 빠똥 지역에 있다. 밀레니엄 리조트, 2번가, 3번가 지점이 있으니 접근성이 좋은 곳으로 방문하면 된다. 고급 스파 못지않은 시설과 서비스에 비해 합리적인 가격대라 부담없이 몸과 마음을 치유할 수 있다. 전화 예약은 어려울 수 있으니 홈페이지를 통해 예약하는 것이 좋다. 현재 밀레니엄 리조트에 위치한 지점은 임시 휴업 중이니 참고하자.

2번가 지점 🚶 정실론에서 도보 5분 📍 209/22 Rat U Thit Rd, Patong, Kathu District, Phuket 🕙 10:00~24:00 ฿ 타이 마사지 1,100바트(2시간), 웜 오일 마사지 1,600바트(1시간), 풋 마사지 450바트(45분) 📞 +66 7634 5868 🏠 letsrelaxspa.com

말 그대로 5성급 마사지 ...... ③
파이브 스타 Five Star

그랜드 머큐어, 홀리데이 인 리조트 주변으로 가성비 좋은 마사지 숍이 많이 있다. 파이브 스타도 그중 하나. 하얀색에 오렌지색으로 포인트를 준 건물은 멀리서도 눈에 확 들어온다. 로컬 숍에 비해 조금 비싼 가격이지만, 깔끔한 시설에서 훌륭한 서비스를 받을 수 있어 늘 손님이 많다. 기본적인 마사지 외에도 뷰티 살롱을 겸하고 있어 피부 마사지, 네일, 패디 케어도 가능하다. 네일 & 패디 가격은 종류에 따라 250~800바트 선이다. 워낙 규모가 크고 상주하는 마사지사도 많아 보통은 대기 없이 이용할 수 있지만, 원하는 시간대에 꼭 받아야 한다면 홈페이지를 통해 예약하자.

🚶 정실론에서 도보 7분 📍 225 Rat U Thit
Rd, Patong, Kathu District, Phuket
🕐 10:00~23:00 ฿ 타이 마사지 400바트
(1시간), 오일 마사지 500바트(1시간),
풋 마사지 400바트(1시간)
📞 +66 90 486 2339
🏠 5-star-massage.com

다양한 스파 패키지가 있는 곳 ...... ④
드 플로라 스파 De Flora Spa

홀리데이 인 리조트 근처 마사지 거리에서도 드 플로라 스파는 주변 숍에 비해 고급스러운 시설과 서비스를 자랑한다. 3층 건물 전체를 사용하고 있으며 네일 전문 스폿과 마사지 룸이 분리되어 있고, 마사지 룸에서도 종류에 따라 방이 나누어져 있다. 가격은 로컬 숍에 비해 좀 더 비싸지만 쾌적한 환경에서 그에 걸맞은 서비스를 받을 수 있어 만족도가 높다. 일반 마사지도 있지만 드 플로라에서 제안하는 스파 패키지 상품이 가장 인기가 많고 평가가 좋다. 스팀, 사우나, 타이 마사지, 풋 마사지를 150분간 받을 수 있는 넘버 원 상품의 가격은 1,500바트 정도다.

🚶 정실론에서 도보 7분 📍 216 Rat U Thit Rd, Patong, Kathu
District, Phuket 🕐 10:00~24:00 ฿ 드 플로라 스파 No.1
(스팀+사우나+타이 마사지+풋 마사지) 1,500바트(2시간 30분)
📞 +66 76 344 555 🏠 defloraspa.com

부담 없이 여러 번 받아도 좋은 마사지 ······⑤
시즌 마사지 빠똥 Season Massage Patong

가격이 저렴해 부담 없이 1일 1마사지를 할 수 있는 곳을 찾는 사람에게는 시즌 마사지가 안성맞춤이다. 노보텔 빈티지 파크 근처에 위치한 오래된 로컬 숍으로 타이 마사지, 발 마사지를 단돈 200바트에 1시간 동안 받을 수 있다. 시설이 낡긴 했지만 마사지는 오히려 만족스러운 편. 마사지의 만족도는 가격에 비례하는 것이 아니기 때문에 숙소가 이 근처라면 오가며 들러볼 만하다.

🚶 정실론에서 도보 9분, 노보텔 빈티지 파크 리조트 주변 📍 91/19-20 Rat U Thit Rd, Patong, Kathu District, Phuket 🕐 10:00~24:00 💲 타이 마사지, 풋 마사지 200바트, 오일 마사지 250바트(1시간) 📞 +66 61 210 6049

가성비 좋은 로컬 마사지 숍 ······⑥
이모션 마사지 Emotion Massage

시즌 마사지와 나란히 자리한 이모션도 가성비 좋은 곳으로 오랫동안 명성을 이어가고 있다. 그래서 현지인과 장기 여행자 중에 단골 손님이 많다. 코로나19 이후로 오히려 가격이 인하되어 타이 마사지, 발 마사지를 1시간에 200바트면 받을 수 있다. 아무래도 시설은 좀 떨어지는 편이니 이런 곳에서 오일 마사지보다는 발 마사지나 타이 마사지를 추천하며, 가격이 저렴한 만큼 큰 기대보다는 가벼운 마음으로 방문하는 게 좋다.

🚶 정실론에서 도보 9분, 노보텔 빈티지 파크 리조트 주변 📍 91/17-18 Rat U Thit Rd, Patong, Kathu District, Phuket 🕐 11:00~24:00 💲 타이 마사지 200바트 (1시간), 오일 마사지 250바트(1시간), 풋 마사지 200바트(1시간) 📞 +66 81 599 0502

오롯이 만끽하는 안다만해

까따 KATA
까론 KARON

**#까따비치 #까론비치 #일몰 #한적함 #여유로움
#해수욕 #리조트 #서핑 #액티비티 #템플마켓**

빠똥에 이어 가장 많은 관광객들이 찾는 까따. 해변과 바다가
아름다운 건 기본. 다양한 가격대의 리조트와 잘 형성된 주변 상권에도
번잡하지 않아 오롯이 휴식하고 싶은 가족과 커플에게 인기가 많다.
빠똥, 까따와 함께 푸껫을 대표하는 해변 중 하나인 까론은
넓게 펼쳐진 아름다운 바다, 해변을 따라 들어선 대형 리조트,
아담하지만 있을 건 다 있는 시내까지, 휴양을 즐기기 더없이 좋다.
그러면서도 빠똥과 가까워 여유로운 휴양과 화려한 나이트 라이프를
동시에 즐길 수 있는 매력적인 곳이다.

까따
상세 지도

09 더 팟타이 숍

탄 테라스 02

10 깔리까 레스토랑

레드 찹스틱스 11

깜뽕 까따 힐 05   03 찡 숍 시푸드

노보텔 까따
아비스타 리조트   03 탄야 스파

퍼스트 스파 푸껫 05   04 까따 나이트

와인 커넥션
비스트로 까따 08   06 슈거 앤 스파이스

커피 클럽 01

클럽메드 푸껫   01 오리엔탈 마사지

팜 스퀘어 02   센타라 까따
리조트

까따 비치 01   07 에잇폴드

03 케이티

오아시
스파
다린 마사지 04   02

안다만 커피 02

스카 바 &
까따 시푸드 02   04 더 보트하우스 푸껫

01 까따 마마 시푸드

🚶 SIGHTSEEING   🍴 EATING   ☕ CAFE   🍸 NIGHTLIFE   🥣 MASSAGE   🛏 SLEEPING

• 까따노이 비치

더 쇼어 앳 까따

까론
상세 지도

앵거스 오툴스
아이리시 펍 **03**

06 스파 센바리

 센타라 까론 리조트 푸껫

06 까론 서클

01 더 개라지 오지 푸껫

07 렛츠 릴렉스

12 안 레스토랑

08 까론 템플 마켓

 파라독스 리조트

07 까론 쇼핑 플라자

까론 비치 **05**

08 카르마

휴양과 서핑을 즐기기 제격 ⋯⋯ ①

까따 비치 Kata Beach

빠똥, 까론, 까따로 이어지는 푸껫 3대 해변 중 가장 남쪽에 위치한 까따 비치. 에메랄드빛 바다, 알록달록한 파스텔컬러의 선베드, 해안가를 감싸고 있는 울창한 나무들까지 까따 비치는 우리가 상상하는 휴양지의 모든 것을 갖추고 있다. 언제 가도 붐비지 않아 한가하게 휴식할 수 있는 데다 서핑을 비롯한 다양한 해양 액티비티도 원하는 대로 즐길 수 있어 더욱 특별하다. 특히 5~10월엔 파도가 높아져 서퍼가 많이 모이는데 해변에 서핑 보드 대여, 강습해 주는 곳이 여럿 있으니 초보자도 시작해 보기 좋다. 해변을 중심으로 늘어선 상가에 웬만한 것은 모두 갖춰져 해변에서 종일 시간을 보내도 문제없다. 붉게 타오르는 일몰이 까따의 절정이니 절대 놓치지 말자.

🚶 팜 스퀘어에서 도보 10분　📍R79X+W6J, Pakbang Rd, Karon, Mueang Phuket District, Phuket

까따 상권의 중심지 ⋯⋯ ②

팜 스퀘어 Palm Square

까따 비치에서 멀지 않은 곳에 자리한 팜 스퀘어는 까따 지역 상권의 중심으로 여러 음식점과 술집, 마사지 숍과 피트니스 센터 등 여행과 생활에 필요한 여러 상점이 입점해 있다. 시노 포르투기스 양식의 건축물에 현대적 건축물이 조화를 이루도록 공간을 조성해 푸껫만의 건축미가 엿보인다. 밤이 되면 화려한 장식과 조명이 어우러져 그 고유한 분위기를 더욱 잘 느낄 수 있다. 늦은 오후부터 노점상이 문을 열기 시작하고 태국 음식과 간단한 먹거리를 판매한다. 탁 트인 야외 공간 무대를 갖춘 라이브 바에서 공연도 하니 뜨거운 열기가 사라진 까따의 밤을 느긋하게 즐겨 보자.

🚶 까따 비치에서 도보 10분 📍 88/29-30 Kata Rd, Karon, Mueang Phuket District, Phuket 🕐 08:00~23:00
📞 +66 88 765 3515 🏠 facebook.com/PalmSquareKata

가볍게 들르기 좋은 쇼핑몰 ⋯⋯ ③

케이티 플라자 KT PLAZA

까따 비치 앞 삼거리에 있는 케이티 플라자는 아치 형태로 된 로컬 마켓으로 입구 한쪽에 화려한 녹색의 시푸드 전문점이 눈에 띄어 해변에서 쉽게 찾아갈 수 있다. 그 옆으로 ATM과 환전소 등이 있고 안쪽으로 길게 늘어선 상점에서는 옷과 가방, 신발 등의 패션 잡화와 각종 기념품을 판매한다. 이런 상품을 구입할 때는 대부분 가격을 높게 부르기 때문에 어느 정도 흥정한 후 구입하는 것이 좋다.

🚶 팜 스퀘어에서 도보 6분 📍 4R892+8F4, Karon, Mueang Phuket District, Phuket 🕐 10:00~22:00

까따 지역 대표 야시장 ······ ④

까따 나이트 마켓 Kata Night Market

아담한 가게들이 대부분인 까따에서 가장 큰 규모의 시장으로, 그만큼 다양한 먹거리를 만날 수 있는 곳이 까따 나이트 마켓이다. 까따 비치에서 클럽메드, 오조 푸껫 리조트 사이로 난 파탁 로드를 따라가면 금방 도착할 수 있어 사람들의 발걸음이 끊이질 않는다. 나이트 마켓이라 이름 붙였지만 일부 상점은 오후 2시부터 영업을 시작해 가볍게 둘러보거나 과일, 음료 등을 구매할 수도 있다. 하지만 야시장을 제대로 즐기려면 늦은 오후쯤부터 방문하는 것이 좋다. 옷, 신발, 가방, 기념품 등 다양한 물건을 판매하지만, 역시 야시장의 꽃은 먹거리. 팟타이 등 인기 태국 음식을 비롯해 새우구이, 가종 꼬치, 로띠 등 다양한 길거리 음식을 맛볼 수 있다. 또, 시장 주변을 따라 식당, 마사지 숍 등 상권이 활성화되어 있으니 까따에 머무른다면 산책 겸 방문해 보길 권한다.

🚶 팜 스퀘어에서 도보 8분　📍 Patak Rd, Karon, Mueang Phuket District, Phuket
🕐 14:00~23:00

열대 과일은 필수!

야시장에서는 여행자가 좋아하는 열대 과일을 저렴하게 판매한다. 망고나 파인애플은 구입 후 바로 손질해 주니 가져가 숙소에서 먹기 좋다. 또한 다양한 과일을 조합해 생과일주스를 만들어주는 곳도 있는데 그 가격이 단돈 50바트! 종류도 20개 정도 되니 취향껏 골라 당 충전해 보자.

까론 비치 Karon Beach

빠똥에서 남쪽 방향으로 언덕을 넘으면 시원하게 펼쳐지는 해변이 푸껫에서 세 번째로 긴 까론 비치다. 엄밀히 말하면 까론노이, 까론야이로 구분되는데 까론노이는 르 메르디앙 리조트 전용 해변이며 대부분이 알고 있는 까론 비치는 까론야이에 해당한다. 부드러운 모래사장이 3킬로미터가량 펼쳐지고 바닷물도 맑아 해수욕을 즐기기 좋다. 서핑, 제트스키, 파라세일 등 다양한 해양 액티비티는 덤. 빠똥에서 그리 멀지 않음에도 확연히 느껴지는 여유로운 분위기가 까론 비치의 가장 큰 매력이다. 노을이 손에 꼽을 정도로 황홀하고 아름다우니 야자수 아래 앉아 시원한 맥주와 함께 감상해 보자.

🚶 까론 써클에서 도보 5분 📍 R7VV+CH9, Karon Rd, Mueang Phuket District, Phuket

까론의 중심 ······ ⑥
까론 서클 Karon Circle

빠똥으로 넘어가는 언덕 아래의 로터리를 까론 서클이라고 한다. 까론 비치를 따라 쭉 뻗은 까론 로드와 해변부터 까따 나이트 마켓까지 통하는 파탁 로드의 교차점이다. 이 까론 서클을 중심으로 음식점, 마사지 숍, 상점이 모여 있어 인근 숙소의 투숙객과 해변 방문객이 많이 찾는다. 또한 공항을 오가는 스마트 버스, 까론에서 푸껫 타운까지 운행하는 송태우(로컬 버스) 정류장도 근처라 까론 일대의 교통 중심지이기도 하다.

🏃 팜 스퀘어에서 택시 6분 📍 R7XV+J79, Karon Rd, Karon, Mueang Phuket District, Phuket

까론 비치 앞 로컬 마켓 ······ ⑦
까론 쇼핑 플라자 Karon Shopping Plaza

파라독스 리조트(P.301) 근처에 위치한 로컬 마켓 까론 쇼핑 플라자는 까론 비치와 해안 도로를 사이에 두고 자리한다. 알록달록한 외관이 멀리서도 눈에 확 들어오는데 외부에서 보는 것보다 내부 공간이 훨씬 넓다. 안쪽으로 들어가면 상점이 쭉 이어지며, 바캉스 룩과 패션 잡화, 물놀이 용품, 기념품 등 다양한 물건을 판매한다. 또, 시원한 음료나 과일, 간식거리를 테이크아웃할 수 있고 주변에 시푸드 레스토랑과 로컬 식당도 있어 해수욕을 즐기다 방문하기 좋다.

🏃 까론 써클에서 도보 6분 📍 R7VV+WM8, Karon Rd, Karon, Mueang Phuket District, Phuket 🕐 10:00~23:00
📞 +66 84 604 6148

사원에서 열리는 특별한 야시장 ⑧

까론 템플 마켓 Karon Temple Market

까론 템플 마켓은 매주 화, 금요일 저녁에 까론의 사원 왓수완키리켓(Wat Suwan Khiri Khet)에서 열린다. 사원 자체는 많이 알려진 편이 아니지만 바다와 번화한 거리를 잠시 벗어나 이국적인 분위기를 즐기기에 부족함이 없다. 사원은 화려한 불교 건축 양식으로 지어져 작지만 아름답고, 사원 앞쪽 계단에는 커다란 황금빛의 용 두 마리가 생동감 넘치는 모습으로 사원을 지키고 있다. 야시장이 열리는 날엔 여행자뿐만 아니라 현지인도 많이 방문하는 곳으로 다양한 먹거리를 비롯한 여러 물건을 저렴하게 판매한다. 흔히 보던 먹거리도 있지만 일반 식당에서 보기 힘든 로컬 음식도 많아 색다른 미식도 체험해 볼 수 있다. 야시장이지만 음식 조리 및 포장 등 위생 조건이 깔끔해 이것저것 포장해 숙소에서 먹기도 좋다.

🚶 까론 써클에서 도보 7분　📍 98/8 Moo 4, Soi Patak 22, Karon, Mueang Phuket District, Phuket
🕐 화요일 16:00~23:00, 금요일 16:00~21:00
📞 +66 98 710 7629

바다와 함께하는 가성비 태국 음식 ⋯⋯⋯ ①

까따 마마 시푸드 Kata Mama Seafood

까따 비치에서 가장 인기 많은 로컬 식당, 까따 마마 시푸드는 특히 해변에서 바다를 보며 식사할 수 있는 전망 좋은 식당으로 유명하다. 물놀이를 하거나 선베드에서 시간을 보내다 식사하러 오는 사람이 많아 시간대에 관계없이 늘 붐빈다. 메뉴와 맛이 특별하진 않지만 꽤 준수한 편이고 무엇보다 가격대가 저렴하다. 새우구이, 똠얌꿍, 그린 커리, 시푸드 샐러드 등 신선한 해산물을 이용한 요리는 물론 팟타이 같은 대중적인 태국 음식도 호불호 없이 먹을 수 있는 곳이다. 가격이 저렴한 만큼 양은 그리 많지 않은 편이라 2인 기준 3~4개 정도 주문하는 것이 적당하다. 까따 비치 끝자락, 까따 노이 비치로 넘어가기 직전에 있으니 해수욕을 즐기다 가볍게 식사하러 방문해 보자.

🚶 팜 스퀘어에서 도보 15분 📍 186/10
Koktanod Rd, Karon, Mueang Phuket
District, Phuket 🕐 07:00~22:30
฿ 똠얌꿍 150바트, 그린 커리 100바트,
팟타이 70바트, 쏨땀 80바트
📞 +66 81 894 7632

스카 바 & 까따 시푸드 Ska Bar and Kata Seafood

까따 마마 시푸드와 나란히 자리한 스카 바 & 까따 시푸드는 이름처럼 음식점과 바를 함께 운영하고 있다. 두 곳 모두 까따 비치가 정면으로 보이는 곳이라 바다를 보며 시간 보내기 좋다. 까따 시푸드에선 합리적인 가격으로 태국 음식을 맛볼 수 있으며 스카 바는 맥주나 칵테일 한잔 마시며 여유부리기 제격이다. 해변의 바위를 병풍 삼아 만들어 놓은 스카 바는 자연 친화적인 인테리어에 레게 스타일을 더해 독특한 분위기를 풍기는 곳으로 석양과 야경을 보며 신나는 레게에 빠질 수 있다. 특정 요일엔 화려한 불 쇼로 재미를 더한다.

🚶 팜 스퀘어에서 도보 15분 📍 186/12 Kata Beach, Karon, Mueang Phuket District, Phuket 🕐 08:00~22:30 💲 똠얌꿍 150바트, 똠얌탈레 150바트, 맥주 및 칵테일 100바트 내외 🏠 facebook.com/kataseafoodkatabeach

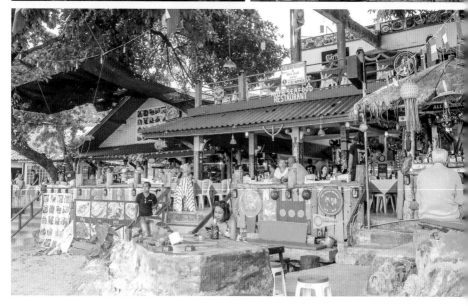

까따 최고의 시푸드 레스토랑 ⋯⋯ ③

꿩 숍 시푸드 Kwong Shop Seafood

가성비 좋은 해산물 전문점을 찾고 있다면 꿩 숍 시푸드가 딱! 25년 이상 영업
중인 유서 깊은 가게로 시설이 조금 낡긴 했지만 벽면 가득 세계 각국의 지폐와
동전, 오래된 사진을 전시해 두어 식당의 역사를 구경하는 재미가 쏠쏠하다. 해
변 근처나 시내 주변이 아니라 접근성이 좋지 않지만, 합리적인 가격으로 다양한
해산물을 맛볼 수 있다. 새우, 크랩, 랍스터 등 해산물을 무게당 금액으로 판매
하고 손님이 원하는 대로 요리해 주는 전형적인 시푸드 레스토랑으로, 다른 해
산물 전문점에 비해 상당히 가격이 저렴한 편이다. 이외에 기본적인 태국 음식도
다양하게 갖추고 있으며 평균 이상의 맛을 자랑한다. 맛, 가격 모두 잡은 까따 최
고의 시푸드 레스토랑이니 기회가 된다면 꼭 방문해 보자.

🚶 팜 스퀘어에서 도보 10분 📍 67 The Beach Rd, Karon, Mueang Phuket District,
Phuket 🕐 09:30~23:00 ฿ 카오팟삽빠롯 180바트, 오징어 튀김 150바트,
팟타이꿍 100바트 📞 +66 61 219 5500 🏠 facebook.com/KwongShopSeafood

완벽한 호텔 레스토랑 ······④

더 보트하우스 푸껫 The Boathouse Phuket

까따 지역에서 근사하게 식사하고 싶을 때 들르면 좋은 곳이 보트하우스. 세련된 부티크 호텔과 함께 운영하는 이 레스토랑에는 고급스러운 태국 음식과 양식 메뉴가 탄탄하게 준비되어 있다. 넓고 우아한 분위기의 실내 공간과 바다 전망의 야외 테라스를 갖춰 취향과 분위기에 따라 좌석 선택이 가능한 것도 큰 장점. 우아한 분위기에 알맞게 훌륭한 와인 리스트도 갖추어 '와인 스펙테이터' 우수상을 수상하기도 했다. 원활한 식사를 위해서는 예약을 권장하며 기본적인 드레스 코드를 갖추고 방문하는 것을 추천한다. 매주 새롭게 2~3가지 코스로 제공되는 '셰프의 추천 메뉴'가 가성비, 가심비를 모두 사로잡은 대표 메뉴이며, 다양한 단품 역시 준수한 맛으로 정평이 났다.

🚶 팜 스퀘어에서 도보 11분 📍 182 Koktanode Rd, Karon, Mueang Phuket District, Phuket 🕐 07:00~24:00
🏷 똠얌꿍 370바트, 깽뿌(남부식 크랩 커리) 725바트, 블랙 앵거스 스테이크 1,750바트 📞 +66 76 330 015
🏠 boathouse-phuket.com

고풍스러운 태국풍 레스토랑 ······⑤

깜뽕 까따 힐 Kampong Kata Hil

와인을 마시며 해산물을 즐기기 제격인 태국풍 레스토랑, 깜뽕 까따 힐. 20년 가까이 운영 중인 이곳은 고풍스러운 분위기의 외관과 웅장한 건물 크기부터 강렬한 인상을 준다. 내부 역시 화려한 장식과 다양한 골동품으로 꾸며져 식당이 아니라 마치 박물관에 온 듯한 느낌이 든다. 이 화려한 인테리어, 고풍스러운 분위기에 어울리는 세심한 서비스와 고급스러운 맛의 요리가 바로 이 식당의 인기 비결. 랍스터, 새우, 게, 오징어 등 다양한 해산물을 무게 단위로 조리해 주는 전형적인 방식이고, 일반 로컬 식당에 비해선 다소 비싼 편이지만, 제대로 된 태국풍 분위기와 맛에 돈을 낸다고 생각하면 그리 아깝지 않다.

🚶 팜 스퀘어에서 도보 9분, 까따 센터 스타벅스 옆
📍 4 Karon Rd, Karon, Mueang Phuket District, Phuket
🕐 15:00~22:00 🏷 새우 칠리 볶음 250바트, 게살 볶음밥 190바트, 솜땀 150바트 📞 +66 85 478 4299

호불호 적은 캐주얼한 로컬 식당 ⑥
슈거 앤 스파이스 Sugar & Spice

까따 나이트 마켓 맞은편에 위치한 슈거 앤 스파이스는 게스트하우스도 함께 운영하는 데다, 접근성이 좋아 늘 손님이 많은 편이다. 탁 트인 식당은 에어컨이 없어 조금 덥긴 하지만 여유롭게 식사하기 좋다. 다양한 태국 음식을 100~200바트 선에서 먹을 수 있으며, 고수 등의 향신료를 강하게 쓰지 않아 외국인도 호불호 없이 음식을 맛볼 수 있다. 특히 오징어튀김, 카오팟(볶음밥), 팟팍붕파이댕(모닝글로리 볶음)은 한국인 여행자의 입맛에도 딱이다. 코코넛 안에 넣어주는 똠얌탈레(해산물 똠얌)가 특별한 비주얼과 맛으로 가장 인기가 많다.

🏃 팜 스퀘어에서 도보 4분 📍 98/7 Kata Rd, Karon, Mueang Phuket District, Phuket
🕐 09:00~22:00 💲 시푸드 핫플레이트 180바트, 팟타이 80바트, 팟팍붕파이댕 60바트 📞 +66 81 970 6503

음식 맛으로 진검승부 ⑦
에잇폴드 Eightfold

팜 스퀘어 근처, 센타라 까따 리조트 맞은편에 위치한 에잇폴드는 아담한 로컬 식당으로 밖에서 봤을 때는 모르고 지나칠 만큼 평범한 외관을 갖고 있다. 하지만 까따 일대에서 음식 맛이 훌륭한 곳으로 알려져 이미 한국 관광객에게도 조용히 입소문난 곳! 비슷한 분위기의 로컬 식당에 비해 약간 비싼 편이지만 맛이 군더더기 없이 깔끔하고 직원들도 친절해 비싼 가격이 전혀 아깝지 않다.

🏃 팜 스퀘어, 센타라 까따 리조트 맞은편
📍 99 Ked Kwan Rd, Karon, Mueang Phuket District, Phuket 🕐 13:00~22:00
❌ 목요일 휴무 💲 치킨 그린 커리 160바트, 팟타이꿍 150바트, 프라이드 치킨 200바트
📞 +66 81 397 5683

와인 커넥션 비스트로 까따
Wine Connection Bistro Kata

푸껫을 비롯해 태국 여러 지역에 지점을 두고 있는 와인 커넥션. 와인 판매점과 레스토랑의 만남이라 와인 마니아들에게 아주 반응이 좋다. 합리적인 가격의 이탈리안 파스타, 피자 등이 있으며 스테이크 종류도 다양하게 맛볼 수 있다. 와인을 직접 구입해 매장 내에서 먹을 수 있고, 보틀이 부담스럽다면 한 잔씩 판매하는 글라스 와인도 있어 취향대로 즐기면 된다. 매일 오후 2시 30분까지 주문 가능한 런치 세트는 메인 메뉴에 샐러드와 소프트드링크가 포함되어 있어 가성비가 좋다. 오조 푸껫 리조트 (P.300) 바로 앞이라 투숙객도 많이 이용하는 편.

🚶 팜 스퀘어에서 도보 5분 📍 100/82 Kata Rd, Karon, Mueang Phuket District, Phuket ⏰ 11:00~22:00
💰 파스타 250~590바트, 피자 240~380바트, 하우스 와인 130바트(글라스), 런치 세트 240바트
📞 +66 76 390 318 🌐 wineconnection.co.th

더 팟타이 숍 The Pad Thai Shop

까론과 까따 중간의 애매한 위치라 일부러 찾아가기는 어렵지만, 진짜 현지 음식을 먹고 싶다면 꼭 들러야 할 식당이다. 이름처럼 팟타이를 전문으로 하는 곳이지만, 실제로 식당에 가보면 닭다리나 닭발이 들어간 진한 국물의 닭고기 국수를 먹고 있는 사람이 더 많다. 메뉴 주문부터 계산까지 모두 셀프로 이뤄지는데 태국어를 잘 모르더라도 직원들이 친절하게 안내해 준다. 우선 자리를 잡고 음식을 주문한 후, 무료로 제공되는 닭 육수 등을 가져다 먹으면 된다. 진하지만 텁텁하지 않은 국물에 튼실한 닭다리가 두 개나 들어간 국수는 60바트밖에 하지 않아 정말 최고의 가성비를 자랑한다. 게다가 빅 사이즈의 땡모반도 단돈 30바트. 현지인이 많이 찾는 오래된 로컬 식당은 실패가 없다. 위치만 빼곤 완벽한 곳.

🚶 팜 스퀘어에서 도보 20분, 까론 서클에서 택시 5분
📍 12, Karon, Mueang Phuket district, Phuket
⏰ 10:00~15:00 ❌ 일요일 💰 팟타이, 닭고기 국수 60바트, 땡모반 30바트 📞 +66 63 521 1170

친절한 주인장의 정겨운 식당 ······ ⑩
깔리까 레스토랑 Kalika Restaurant

까따에서 까론으로 이어지는 길에 위치한 아담하지만 깔끔한 로컬 식당. 우선 주인장 내외가 상당히 친절하고 세심하게 신경써주어 편안한 기분으로 음식을 주문하고 먹을 수 있다. 합리적인 가격은 물론이고 가게 분위기만큼이나 음식 맛이 정갈해 외국인도 호불호 없이 먹기 좋다. 애피타이저로 내어주는 따끈한 갈릭 브레드마저 정겨운 느낌이 들 정도. 저렴한 금액으로 즐길 수 있는 칵테일도 있어 식사와 함께 가볍게 술 한잔하기도 좋다.

🚶 팜 스퀘어에서 도보 12분, 비욘드 리조트 맞은편
📍 76 Karon Rd, Karon, Mueang Phuket District, Phuket
🕐 11:30~22:30 ❌ 월요일 💲 똠얌꿍 130바트,
팟팍붕파이댕 100바트,
카오팟쌉빠롯 160바트
📞 +66 76 635 355

아시아 음식 총집합 ······ ⑪
레드 찹스틱스 Red Chopsticks

레드 찹스틱스는 푸껫 내 여러 지점을 두고 있는 체인 레스토랑으로 까론 비치 지점은 깔리까와 도로를 사이에 두고 맞은편에 있다. 겉은 바삭하고 속은 부드러운 베이징 덕을 비롯해 싱가포르 치킨라이스, 일본식 누들 등 아시아 지역의 다양한 요리를 선보여 태국 음식 말고 다른 나라의 음식도 맛보고 싶을 때 방문하기 좋다. 까론 비치점은 탁 트인 구조의 건물에 주로 목재로 만들어진 인테리어 소품을 사용해 아늑하고 깔끔한 분위기다.

까론 비치점 🚶 팜 스퀘어에서 도보 12분, 깔리까 맞은편
📍 47 Karon Rd, Karon, Mueang Phuket District, Phuket
🕐 12:00~22:00 💲 싱가포르 치킨라이스 199바트,
상하이 로스트 덕 199바트, 뿌팟퐁커리 399바트
📞 +66 98 015 0519
🏠 facebook.com/RedChopsticksthailandofficial

안 레스토랑 Ann Restaurant

까론 서클에서 템플 마켓으로 가는 파탁 로드에는 음식점, 마사지 숍, 상점이 줄지어 서 있다. 까론 비치 주변에서 가장 번화한 곳이라 저녁 시간이 되면 앉을 자리가 없을 정도. 해산물 전문점도 많은데 그중 주목해야 할 곳이 바로 안 레스토랑이다. 가게 밖 부스 위에 각종 해산물을 진열해 두고 무게당 금액으로 판매하며 그 해산물을 식당 안에서 원하는 대로 조리해 준다. 해산물을 구매할 때, 어느 정도는 흥정이 가능하니 무게와 금액을 잘 기억해 두고 마지막에 확인하는 것이 좋다. 이런 주문 방법이 어렵다면 메뉴판에 있는 음식을 주문해도 충분히 만족스럽게 식사할 수 있다.

🚶 까론 서클에서 도보 5분, 템플 마켓 방향 📍 583 Patak Rd, Karon, Mueang Phuket District, Phuket 🕐 08:00~02:10
฿ 각종 시푸드 요리 200바트~ 📞 +66 86 196 3142

커피 클럽 Coffee Club

커피 클럽은 호주 브리즈번에 처음 문을 연 이후 9개국에 약 400개의 매장을 두고 있다. 푸껫에도 점점 매장이 많아지는 추세로 그중 까따에 자리한 커피 클럽은 넓은 실내 공간에 에어컨을 항상 가동하고 있어 푸껫의 무더위를 피해 휴식을 즐기기 딱이다. 진한 로컬 커피나 음료가 입에 맞지 않을 때 찾기에도 좋은 곳. 음료 외에도 에그 베네딕트, 와플, 팬케이크 등 브런치 메뉴가 다양하며 대중적인 태국 음식도 있어 간단하게 요기도 할 수 있다. 그래서 노트북을 들고 와서 워케이션을 보내는 여행자의 모습을 심심치 않게 볼 수 있다. 하지만 10%의 서비스 차지와 7% 부가세가 따로 붙어 가격대는 꽤 높은 편이니 참고하자.

까따 오조점 🚶 팜 스퀘어에서 도보 4분, 오조 푸껫 리조트 1층 📍 99 Kata Rd, Karon, Mueang Phuket District, Phuket 🕐 07:00~22:00 ฿ 아이스 아메리카노 110바트, 카페 라테 120바트, 헬시 브렉퍼스트 플래터 370바트 (10% 서비스 차지, 7% VAT 별도) 📞 +66 65 376 2900 🏠 thecoffeeclub.co.th

푸껫 로컬 카페 ······ ②
안다만 커피 Andaman Coffee

까론과 까따에 지점을 두고 있는 푸껫 로컬 카페 안다만 커피. 까론 서클 근처에
있는 까론점의 경우 까론 비치와 매우 가깝기 때문에 음료를 테이크아웃해 바닷
가에서 마시기 좋다. 비욘드 리조트 까따 근처에 위치한 까따점은 트로피컬 무
드에 내부 좌석도 넓어 무더위를 식히며 쉬어갈 수 있다. 육쪽마늘빵, 바스크 치
즈 케이크도 판매 중인데 한글로 메뉴가 적혀 있어서 괜히 더 반갑다. 버거와 그
릴 메뉴를 전문으로 하는 KIRI 레스토랑도 함께 운영 중이라 식사도 가능하다.

🚶 **까론점** 까론 서클에서 도보 1분, 템플 마켓
방향 📍 542/1 Patak Rd, Karon, Muang
Phuket, Phuket 🕐 09:00~21:00
📞 +66 76 396 612
🚶 **까따점** 팜 스퀘어에서 도보 8분, 케이티
플라자 방향 📍 20/10 Kata Rd, Karon,
Mueang Phuket District, Phuket
🕐 09:00~22:30 📞 +66 76 286 512
฿ 아이스 아메리카노 80바트,
바스크 치즈케이크 100바트
🏠 facebook.com/AndamanCoffeePhuket

자유분방한 까론의 저녁 ······ ①
더 개라지 오지 푸껫
The Garage OG Phuket

까론에서 가장 트렌디한 분위기를 느낄 수 있는 곳이 더
개라지 오지. 진짜 차고를 개조해 놓은 듯한 공간이 감각
적인 소품으로 꾸며져 있다. 다양한 세계 맥주와 그에 잘
어울리는 치킨 윙, 햄버거 등의 메뉴가 인기가 많다. 그밖
에 태국 음식도 있어 맥주를 마시며 가볍게 요기하기 좋
다. 저녁마다 라이브 공연도 하고 레이디스 나이트 등 특
별한 프로모션도 많이 진행해 현지인들이 단골로 방문하
는 곳이다. 한낮의 뜨거운 열기가 사라진 늦은 오후, 삼삼
오오 모여 시간을 보내는 푸껫 사람들의 자유분방함을
느껴볼 수 있다.

◆ 23년 1월 현재 코로나19로 인해 임시 휴업 중

🚶 까론 서클에서 도보 2분, 템플 마켓 방향 📍 522 Patak Rd,
Karon, Mueang Phuket District, Phuket 🕐 17:00~02:30
฿ 치킨 윙 200바트, 햄버거 200바트, 세계 맥주 250바트~
📞 +66 76 396 213

핫 플레이스로 뜨고 있는 비치 클럽 ······ ②

탄 테라스 Tann Terrace

팬데믹을 거치며 새롭게 떠오른 까따, 까론의 핫 플레이스 탄 테라스. 해변 바로 앞에 있는 비치 클럽으로 낮에는 잔잔하게 바다를 보며 시간을 보낼 수 있고, 밤 엔 화려한 조명 아래 DJ 공연과 불 쇼가 펼쳐진다. 메뉴는 다양한 이탈리아, 태국 음식으로 구성되어 있으며 칵테일, 와인, 맥주 등 주류 종류도 충분히 갖추고 있다. 해변 바로 앞에 있는 테이블에 앉으려면 최소 20,000바트 이상 주문해야 하는데 2~3인이 식사에 주류를 곁들이면 충분히 가능한 금액이다. 음식에 대한 평이 아주 좋은 편은 아니니 해 질 녘에 방문해 가볍게 칵테일 정도만 마시는 것도 괜찮은 방법이다.

🏃 팜 스퀘어에서 도보 14분, 비욘드 리조트 까론 근처 📍 53 Karon Rd, Karon, Mueang District, Phuket 🕐 11:00~01:00
฿ 탄 피자 490바트, 똠얌꿍 490바트, 팟타이꿍 490바트, 칵테일 300~350바트, 로컬 맥주 180바트 📞 +66 94 156 4546

기네스 한잔의 여유 ······ ③
앵거스 오툴스 아이리시 펍 Angus O'Tool's Irish Pub

전 세계 어딜 가도 시내 한 켠에는 항상 아이리시 펍이 있다. 까론, 까따 일대에도 여러 개의 아이리시 펍이 있는데 그중에서도 인기가 많은 곳이 바로 앵거스 오 툴스다. 깊은 풍미와 부드러운 거품을 자랑하는 기네스 생맥주와 아이리시스튜, 피시 앤 칩스 등 아일랜드 음식이 시그니처. 그 외에 칠리 치즈 프라이즈 같은 주 전부리와 요기할 만한 음식 메뉴도 꽤 많다. 야외 공간이 넓어 까론의 저녁 분위 기를 피부로 느낄 수 있고, 늦은 저녁에는 라이브 공연이 시작해 분위기에 흥을 더한다. 느지막이 방문해 시원한 맥주와 라이브 음악을 함께 즐겨 보자.

🚶 까론 써클에서 도보 5분, 센타라 까론 리조트 맞은편 📍 516/20 Patak Rd, Karon, Mueang Phuket District, Phuket ⏰ 10:00~22:00 ฿ 기네스 생맥주 240바트, 피시 앤 칩스 320바트, 아이리시스튜 290바트, 칠리 치즈 프라이즈 240바트 📞 +66 93 696 1718 🏠 otools-phuket.com

인기 만점 로컬 마사지 숍 ······ ①
오리엔탈 마사지 Oriental Massage

까따에서 한국 관광객이 가장 많이 찾는 마사지 숍, 오리엔탈 마사지. 주변 로컬 마사지 숍과 동일한 가격으로 깔끔한 시설에서 훌륭한 마사지를 받을 수 있어 늘 인기가 많다. 클럽메드(P.299) 정문에서 길만 건너면 바로 찾을 수 있고, 주변에 있는 다른 숙소와도 매우 가깝다. 리조트 나 해변에서 물놀이를 즐기다 가볍게 들러 마사지를 받으 면, 몸과 마음의 피로가 사르르 녹는다.

🚶 팜 스퀘어에서 도보 2분, 클럽메드 앞 📍 88/12 Kata Rd, Karon, Mueang Phuket District, Phuket ⏰ 10:00~23:00 ฿ 타이 마사지 300바트(1시간), 풋 마사지 300바트(1시간), 오일 마사지 400바트(1시간) 📞 +66 81 536 3981 🏠 orientalmassagephuket.com

멋진 전망과 훌륭한 서비스 ······ ②
오아시스 스파 Oasis Spa

태국 전역에 여러 지점을 두고 있는 고급 스파 체인점, 오아시스는 푸껫에도 3개의 지점을 두고 있다. 까따 지역에서는 오아시스 스카이 브리즈(Sky Breeze)점을 이용하면 되는데, 해변에서 조금 떨어진 산속에 자리해 아름다운 바다와 싱그러운 녹음을 한눈에 담을 수 있다. 9개의 독립적인 트리트먼트 룸이 있으며 옥상 수영장, 허브 스팀 룸까지 휴식에 필요한 모든 것을 갖추고 있다. 아로마 오일을 이용한 마사지가 가장 인기가 많으며 허브 볼과 핫 스톤을 이용한 특별한 프로그램도 있다. 까따~빠똥 지역에는 무료 픽업 서비스를 제공해 편하게 이동할 수 있다.

스카이 브리즈점 🏃 까따 지역
무료 픽업, 샌딩 이용 📍 26 Plukjae Rd,
Karon, Mueang Phuket District, Phuket
🕐 10:00~19:00 ฿ 사바이 스톤 마사지
4,900바트(2시간), 포 핸즈 마사지 4,900바트
(2시간), 아로마 테라피 핫 오일 마사지
1,350바트(1시간) 📞 +66 76 337 777
🏠 oasisspa.net

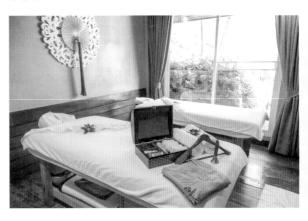

깔끔한 시설, 합리적 가격 ······ ③
탄야 스파 Thanya Spa

까따 로드에 오픈한 지 얼마 안 된 탄야 스파는 오조 푸껫 리조트(P.300) 맞은편, 와인 커넥션(P.154) 바로 옆에 세련된 느낌을 주며 세워져 있다. 깔끔한 외관, 내부 시설이 고급 스파 못지않게 럭셔리한 분위기인 반면에 가격대는 일반 로컬 마사지 숍보다 조금 비싼 정도라 부담 없이 방문할 수 있다. 임시 휴업을 끝내고 22년 12월부터 영업을 재개했고, 이에 맞춰 다양한 프로모션도 진행하고 있으니 미리 페이스북 페이지를 체크해 보고 방문하는 것을 추천한다.

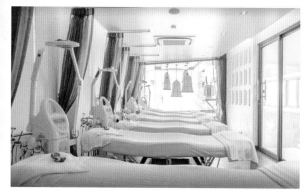

🚶 팜 스퀘어에서 도보 6분, 와인 커넥션 비스트로 까따 바로 옆 📍 100/22 Kata Rd, Karon, Mueang Phuket District, Phuket
🕙 10:00~23:00 ฿ 타이 마사지 350바트(1시간), 스웨디시 마사지 700바트(1시간), 오일 마사지 600바트(1시간)
📞 +66 94 827 5888
🏠 facebook.com/Thanyaspakata

까따의 오래된 로컬 마사지 숍 ······ ④
다린 마사지 Darin Massage

까따 비치 삼거리에 자리한 다린 마사지는 까따 지역에 오래 전 뿌리내린 곳이다. 그만큼 실력 있는 마사지사가 많아 꾸준히 방문하는 단골 손님이 많은 편. 3층 건물을 모두 사용하고 있어 규모도 다른 곳에 비해 크다. 이런 로컬 마사지 숍은 특별한 예약 없이 오고 가며 들러도 기다림 없이 마사지를 받을 수 있다는 것이 가장 큰 장점이다. 다린의 숙련된 마사지사에게 1시간만 마사지를 받아도 그간의 피로가 싹 사라진다.

🚶 팜 스퀘어에서 도보 8분, 안다만 커피 까따점 도로 건너편
📍 20 Kata Rd, Karon, Mueang Phuket District, Phuket
🕙 09:30~23:00 ฿ 타이 마사지 300바트(1시간), 풋 마사지 300바트(1시간), 오일 마사지 400바트(1시간)
📞 +66 76 333 341

피부 관리도 놓칠 수 없다면 여기! ┄┄┄ ⑤
퍼스트 스파 푸껫 First Spa Phuket

마사지뿐만 아니라 피부 관리도 놓칠 수가 없다면 합리적
인 가격으로 다양한 관리를 받을 수 있는 퍼스트 스파로
가 보자. 전신 마사지는 기본이고, 얼굴 마사지를 비롯한
얼굴 피부 관리를 중점적으로 받을 수 있다. 클렌징부터
스크럽, 블랙헤드 제거, 전통 얼굴 마사지, 마스크 팩까지
한 번에 받을 수 있는 1시간 코스가 399바트로 매우 저렴
해 가성비 코스로 인기가 많다. 말끔한 얼굴로 한국에 돌
아갈 수 있게 그을린 피부를 진정시키기 좋은 특별한 마
사지 숍.

🏃 팜 스퀘어에서 도보 1분 📍 100/79 Kata Rd, Karon,
Mueang Phuket District, Phuket 🕘 09:00~17:00
฿ 타이 마사지 300바트(1시간), 페이셜 클리닝 & 릴렉싱 마사지
399바트(1시간), 트리트먼트 마스크 540바트
📞 +66 76 330 991

태국식 방갈로에서 아늑하게 즐기는 스파 ┄┄┄ ⑥
스파 센바리 Spa Cenvaree

태국 전역에 뻗어 있는 리조트 체인 센타라 그룹에서 운영하는 스파 센바리. 센
타라 까론 리조트(P.302)에서도 만날 수 있다. 센타라 까론 리조트 내에 위치한
지점은 전형적인 태국 방갈로 스타일로 꾸며져 있으며 녹지로 둘러싸여 자연 친
화적이고 프라이빗한 서비스를 받을 수 있다. 뷰티 & 살롱, 신혼부부를 위한 스
파까지 다양한 프로그램이 있어 고객의 만족도가 아주 높은 편이다. 할인 프로
모션도 진행하니 방문 전 홈페이지를 미리 확인하는 것이 좋다.

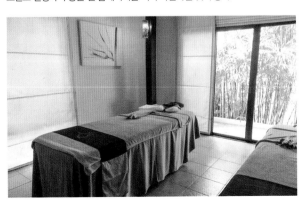

◆ 23년 1월 현재 코로나19로 인해 임시 휴업 중
센타라 까론 리조트점 🏃 까론 써클에서 도보
5분, 센타라 까론 리조트 내 위치
📍 502/3 Patak Rd, Karon, Mueang Phuket
District, Phuket 🕘 09:00~21:00
฿ 로얄 타이 마사지 1,300바트(1시간 30분),
허벌 콤프레스 마사지 1,800바트(2시간)
📞 +66 76 396 200 🏠 spacenvaree.com

태국 대표 체인 마시지 숍 ······ ⑦
렛츠 릴렉스 Let's Relax

방콕, 파타야, 치앙마이 등 많은 지역에 지점을 두고 있는
렛츠 릴렉스는 태국의 대표 스파 체인으로 까론에도 지
점이 있다. 기본적인 타이, 풋, 오일 마사지 외에도 다양한
패키지 프로그램이 있다. 로컬 마사지 숍에 비해 비싼 편
이지만 깔끔한 공간에서 세심한 서비스를 받을 수 있어
만족도가 높은 편. 까론 비치에서 가까워 사람이 많은 편
이니 예약하고 방문하는 것을 추천한다.

까론점 🚶 까론 써클에서 도보 1분   📍 224, 2-3 Karon Rd,
Karon, Mueang Phuket District, Phuket   🕐 10:00~24:00
฿ 오일 마사지 1,500바트(1시간), 타이 마사지 1,200바트(2시간),
바디 & 소울 패키지 2,500바트(2시간)   📞 +66 76 396 198
🏠 letsrelaxspa.com

현지에서 입소문난 로컬 마사지 숍 ······ ⑧
카르마 Karma

카르마는 오랫동안 영업해 오고 있는 로컬 마사지 숍으로 저렴한 가격에 실력 좋
은 마사지사가 많아 단골손님이 많은 편이다. 까론 비치에서 올드 푸켓 리조트
로 가는 골목 안에 있어 해변에서 바로 찾아가기도 편하고, 파라독스 리조트 등
주변 숙소에서 방문하기에도 접근성이 좋다. 비슷한 가격대의 로컬 마사지 숍에
비해 내부도 상당히 깔끔하게 관리되고 있다. 1일 1마사지를 실현하기 딱 좋은
곳이다.

🚶 까론 써클에서 도보 9분   🕐 09:00~23:00
฿ 타이 마사지 300바트(1시간), 풋 마사지
250바트(1시간), 오일 마사지 400바트(1시간)
📞 +66 85 796 5849
🏠 facebook.com/witchuda88

푸껫 역사 박물관

푸껫 타운
PHUKET TOWN

#올드타운 #시노포르투기스 #바바뮤지엄 #탈랑로드
#선데이마켓 #벽화 #로컬맛집 #미쉐린가이드 #카페

어디서도 볼 수 없는 푸껫의 특별한 역사를 만날 수 있는 푸껫 타운.
17세기 푸껫에서 주석 광산이 개발되면서 말레이반도와 중국에서
많은 사람이 이주해 그들만의 고유한 문화를 형성했고, 그 문화는
지금까지 이어져 푸껫 타운만의 특별한 개성으로 자리 잡았다. 다양한
문화의 조화, 소소한 현지인의 일상을 만날 수 있는 푸껫 타운은
그 자체가 푸껫 역사를 머금은 박물관이라고 할 수 있다. 코로나19를
겪으면서 방문객이 줄어든 다른 지역과 달리 푸껫 타운에는 오히려
가볼 만한 맛집, 카페가 많이 생겨 푸껫 필수 코스로 각광받고 있다.

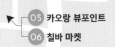 05 카오랑 뷰포인트
06 칠바 마켓

10 카놈찐파마이

더 셸터 커피 02

04 디북 레스토랑

07 스테어 카페 앤 비스트로

11 푼테 푸껫

러시 커피 롬마니 04

도우 브루
커피 & 크래프트 03 05 토리스 아이스크림

푸껫 타운 스트리트 아트 02

01 북헤미안

01 탈랑 로드

므이암 카페 10

코피티암 02
바이 윌라이

킴스 마사지 12호점

루프 푸딩 앤 카페 08

킴스 마사지 9호점

07 쿤찟욧팍

뚜깝카오 레스토랑 03

푸껫티크 09

05 더 라이브러리 푸껫

더 칼럼 푸껫 03

01 비밥 라이브 뮤직바

 SIGHTSEEING EATING CAFE NIGHTLIFE SLEEPING MASSAGE

킴스 마사지 7호점

07 라임라이트

푸껫 타운
상세 지도

05 라야 레스토랑

01

원춘

06 커브 하우스 푸껫

 킴스 마사지 8호점

짠펜 06

04 세와나

02 파파줄라

03 푸껫 바바
뮤지엄

킴스 마사지 5호점

04 푸껫 3D 뮤지엄

코트야드 바이
메리어트 푸껫 타운

09 미톤포

08 꼬따카오만까이

 킴스 마사지 6호점

 킴스 마사지 2호점

 킴스 마사지1호점

167

탈랑 로드 Thalang Road

탈랑 로드는 푸껫 타운의 중심이 되는 곳으로 거리 양쪽으로 시노 포르투기스
양식의 건물이 늘어서 있다. 알록달록한 건물 색 덕에 거리에 들어선 순간 작은
테마파크에 온 듯한 느낌도 든다. 이런 역사적인 건물들은 현재 음식점, 상점, 카
페, 게스트 하우스로 사용하고 있으며 다른 지역에서는 볼 수 없는 고유한 느낌
과 경험을 여행자에게 선사한다. 또한 시선을 잡아끄는 강렬한 벽화도 곳곳에
그려져 푸껫의 자유분방한 분위기까지 거리에 더해져 탈랑 로드에 오면 휴양지
가 아닌 문화 중심지로서의 푸껫을 만날 수 있다. 탈랑 로드에 연결된 롬마니 골
목(Soi Romanee)은 푸껫 타운에서 가장 오래된 거리로 고풍스러움과 아기자기
함을 모두 갖췄다. 탈랑 로드를 중심으로 매주 일요일마다 열리는 선데이 마켓도
놓칠 수 없다.

🚶 푸껫 바바 뮤지엄에서 도보 3분 📍 Thalang Rd, Talat Yai, Mueang Phuket District,
Phuket

시노 포르투기스

중국을 뜻하는 라틴어 시노(sino)와
'포르투갈의'라는 뜻의 영단어 포르투
기스가 합쳐진 단어로 중국과 포르투
갈의 건축 양식이 뒤섞인 스타일을 가
리킨다. 대체로 싱가포르를 비롯한 말
레이 반도 일대에 나타나는 건축 양식
이라 페라나칸 양식이라고도 부른다.
푸껫에는 포르투갈의 영향보다는 19세
기 중국, 말레이 이주민의 영향으로 건
축 양식이 전파됐다는 것이 정설에 가
깝다. 이주민이 주로 거주했던 푸껫 타
운에 그 흔적이 고스란히 남아 있어 쉽
게 찾아볼 수 있다.

놓치면 안되는 푸껫 야시장
선데이 마켓 Sunday Market

푸껫 곳곳에서 야시장이 열리지만 그중에서 인기가 가장 많은 곳은 일요일마다 열리는 선데이 마켓이다. 현지에선 '랏야이'라고도 하는데, 큰 시장이란 뜻이다. 오후 4시부터 탈랑 로드를 따라 수많은 노점이 들어선다. 옷과 잡화, 골동품, 기념품 등은 기본이고 질 좋은 수공예 제품도 많아 쇼핑하는 재미가 쏠쏠하다. 야시장의 꽃인 먹거리도 놓치지 말자. 종류도 다양하지만 무엇보다 깔끔한 환경에서 조리되어 믿고 먹을 수 있다. 하늘이 어두워지고 조명이 켜지기 시작하면 알록달록한 시노 포르투기스 양식의 건물과 전등 불빛이 어우러져 로맨틱한 분위기가 느껴진다. 곳곳에서 열리는 라이브 공연 같은 소소한 이벤트가 거리에 즐거움을 더한다. 팬데믹을 거치며 더욱 규모가 확장되어 더 즐길 거리가 많아졌다.

🚶 푸껫 바바 뮤지엄에서 도보 3분 🕐 일요일 16:00~22:00

일요일에는 푸껫 타운

여행 기간에 일요일이 포함되어 있다면, 푸껫 타운 일대의 유명 식당에서 점심 식사를 하고 한 바퀴 돌아본 후, 선데이 마켓까지 구경하면 완벽한 일정이 된다.

푸껫 타운을 더욱 빛내주는 벽화 ······ ②

푸껫 타운 스트리트 아트 Phuket Town Street Art

푸껫 타운은 바다 주변의 다른 지역과 다른 특수한 역사가 있고 시노 포르투기스 건축물 등 볼거리가 많다. 거기에 시내 곳곳에서 만날 수 있는 스트리트 아트가 매력을 더한다. 태국 국내외 예술가들이 모여 진행한 F.A.T.(Food Art Old Town) 프로젝트의 하나로 시내 곳곳에 벽화를 그리기 시작했고 지금도 꾸준히 새로운 작품이 계속 그려지고 있다. 국왕에 대한 존경, 역사 속 일화, 소소한 일상의 풍경 등 다채로운 주제를 담고 있는데, 벽화이기 때문에 오가는 길에 감상하기도 좋다. 작품의 위치가 표시된 지도를 들고 다니면서 도장 깨기 하듯 찾아다니며 기념사진을 찍는 사람들도 있다.

🏃 푸껫 바바 뮤지엄에서 도보 6분 📍56 Yaowarat Rd, Talat Yai, Mueang Phuket District, Phuket

한 장으로 격파하는
푸껫 타운 벽화 지도

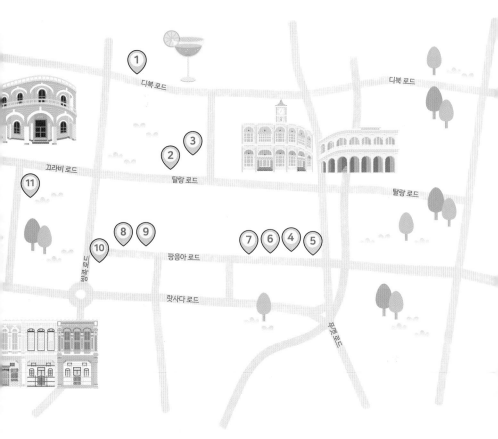

1 푸미폰 아둔야뎃, 라마 9세의 초상화
📍 7.886242, 98.387767

2 빨간 바다 거북이가 된 마르디
📍 7.884815, 98.389065

3 비둘기
📍 7.884815, 98.289065

4 채식주의자 축제
📍 7.883672, 98.389825

5 호랑이
📍 7.883641, 98.389988

6 중국식 사원 앞의 사자
📍 7.883664, 98.389362

7 해변에서
📍 7.883664, 98.389362

8 인형놀음
📍 7.883785, 98.387916

9 사자 얼굴
📍 7.883785, 98.388066

10 간식을 파는 삼촌과 이모
📍 7.883279, 98.387646

11 전통 의상을 입은 마르디
📍 7.884490, 98.386360

◆ 각 벽화의 정확한 위치는
구글 좌표를 확인할 것.

푸껫 바바 뮤지엄 Phuket Baba Museum

과거 대량 주석 광산이 있었던 푸껫에는 말레이시아, 중국인이 대거 이주해 정착하면서 중국과 말레이인의 혼혈로 태어난 '페라나칸'이 많아졌고, 그들만의 문화가 형성되었다. 현재 옛 스탠다드 은행을 푸껫 바바 뮤지엄으로 운영하고 있는데 '바바(baba)'는 페라나칸의 남자 후손을 의미한다. 뮤지엄은 2층으로 되어 있고 6개의 전시실로 이루어져 있으며 페라나칸의 푸껫 정착 역사와 그들의 고유한 문화를 살펴볼 수 있다. 볼거리가 많은 편은 아니지만 무료입장이 가능하고 시원하니 더위도 식힐 겸 가볍게 돌아보기 괜찮다. 2층에 올라가면 건너편 시계탑이 보이는 창문 앞에서 예쁜 사진도 남길 수 있다.

🚶 선데이 마켓에서 도보 3분 📍 Phang Nga Rd, Talat Yai, Mueang Phuket District, Phuket 🕘 09:00-16:30
❌ 월요일 ฿ 무료 📞 +66 94 807 7873
🏠 facebook.com/peranakannitatmuseum

푸껫 3D 뮤지엄 Phuket 3D Museum

아이와 함께하는 가족, 실내에서 할 만한 것을 찾는 여행자에게 추천할 만한 곳이 3D 뮤지엄이다. 2D인 평면 그림을 입체적으로 그려 3D처럼 보이게 착시를 일으키는 작품들이 총 5개의 테마로 구성, 전시된 미술관으로 고흐, 뭉크, 밀레 등 유명 화가의 작품 속 주인공이나 아찔한 위기 상황의 영웅이 되어볼 수도 있다. 실제 같은 그림과 함께 재미있는 사진을 남길 수 있어 어린이뿐만 아니라 어른도 즐거운 시간을 보낼 수 있다. 뮤지엄을 돌아보는데 약 2시간가량 소요된다.

🚶 푸껫 바바 뮤지엄에서 도보 3분
📍 130/1 Phang Nga Rd, Talat Yai, Mueang
Phuket District, Phuket 🕐 10:00~19:00
₿ 어른 450바트, 어린이(130cm 이하)
270바트 📞 +66 86 487 2382
🏠 3dmuseumphuket.com

카오랑 뷰포인트
Khao Rang Viewpoint

푸껫에 수많은 전망대가 있지만 푸껫 타운에서 가장 가까운 곳이 바로 카오랑 뷰포인트. 카오랑은 태국어로 뒷산이라는 뜻인데 그 말처럼 푸껫 타운의 뒷산에 오르면 도심과 저 멀리 바다까지 한눈에 담을 수 있다. 뷰포인트 주변으로 산책할 만한 공원과 아이들을 위한 놀이터가 조성되어 있어 현지인도 많이 찾는다. 야경이 멋지고 전망을 보며 식사할 수 있는 레스토랑도 있으니 일몰 즈음에 올라가 저녁을 먹거나 음료를 마시며 야경을 감상해도 좋다. 주변에 야생 원숭이가 많아 그들을 구경하는 재미도 쏠쏠하다.

🚶 푸껫 바바 뮤지엄에서 차량 10분
📍 145/5 Thanon Patiphat, Wichit, Mueang
Phuket District, Phuket

173

칠바 마켓 Chillva Market

칠바 마켓은 푸껫 외곽에 위치한 야시장으로 현지인에게 큰 사랑을 받고 있으며 현지에서는 칠와 마켓이라고도 한다. 컨테이너를 활용해 건물을 짓고 공터에는 인공잔디를 깔아 시장보다는 하우스 파티에 온 기분이 든다. 건물 안에는 일반 매장도 있고 건물 밖 노점에는 각종 살 거리와 먹거리가 가득하다. 이곳 사람들은 각자 먹거리를 사들고 옹기종기 모여 야외 무대 앞 계단이나 잔디밭에 편하게 앉아 식사한다. 그 앞의 무대에서는 라이브 공연 등 다양한 이벤트가 진행되어 열기와 흥을 돋운다. 그래서인지 이곳에서는 다른 곳에 비해 확실히 젊고 자유 분방한 감각이 느껴진다. 매일 영업하긴 하지만 목~토요일이 가장 활기를 띠니 일정 계획 시 참고하자. 일정상 선데이 마켓을 가기 어렵다면 칠바 마켓에 방문해 현지인과 시간을 공유해 보길 추천한다.

🚶 푸껫 바바 뮤지엄에서 차량 10분 　📍 141/2 Yaowarat Rd, Phuket Town, Phuket
🕐 17:00~23:00 　❌ 일요일 　📞 +66 99 152 1919

랭샙

태국 현지의 맛을 제대로 느껴보고 싶다면 랭샙에 도전하자. 칠바 마켓을 구경하다 보면 랭샙 사진이 걸린 가게가 보일 것이다. 사람이 많은 식당이라 금방 눈에 띈다. 랭샙은 삶은 돼지 등뼈에 고수와 고추를 잔뜩 넣어 찜이나 탕으로 만드는 요리로, 육수 자체는 갈비탕과 비슷하다. 고기는 부드럽게 육즙이 터져 나오고, 새콤하고 매콤한 국물 맛이 묘하게 중독성 있어 태국 음식을 좋아한다면 무조건 반하게 될 것이다. 하지만 고수가 싫다면 피하는 것을 추천! 매운 단계는 조절할 수 있다.

인디 마켓도 열리는 접근성 좋은 쇼핑몰 ······ ⑦

라임라이트 Limelight

푸껫 타운에서 도보로 갈 수 있는 2층 규모의 쇼핑몰인 라임라이트. 대형 쇼핑몰처럼 패션 브랜드 매장이 많이 입점하지는 않았지만 맥도날드, 킴스 마사지, 톱스 슈퍼마켓 등의 프랜차이즈 매장과 저렴한 가격으로 다양한 메뉴를 즐길 수 있는 푸드 코트가 있다. 쾌적한 공간에서 식사와 커피, 마사지를 한 번에 즐기고 싶다면 방문해 보자. 수~금요일 16:00~22:30에는 매장 앞에서 인디 마켓이 열린다. 규모는 크지 않지만 깔끔하고 아기자기하며, 작게 마련된 무대에서 공연을 하는 등 소소한 이벤트가 있어 잔잔한 로컬의 맛을 느낄 수 있다.

🚶 푸껫 바바 뮤지엄에서 도보 5분
📍 2/23 Dibuk Rd, Talat Yai District, Mueang Phuket District, Phuket
🕐 10:30~22:00 📞 +66 76 682 900
🏠 limelightphuket.com

미쉐린 가이드에 소개된 맛집 ┄┄ ①

원춘 One chun

19년부터 23년까지 5년 연속 미쉐린 빕 구르망에 선정된 원춘은 정통 태국 요리를 맛볼 수 있는 레스토랑으로 3대째 가문의 요리법을 이어가고 있다. 19세기에 지어진 건물을 개조해 만든 식당 내부에서 빈티지함과 멋스러움이 묻어난다. 전 세계 여행자뿐만 아니라 현지인에게도 인기가 많아 늘 많은 손님으로 붐비니 가능하면 예약하는 것이 좋다. 대표 메뉴로는 태국 남부에서 즐겨먹는 무홍(돼지 삼겹살 스튜), 탱글탱글한 게살이 들어간 매콤한 옐로우 크랩 커리 등이 있다. 가격대가 조금 높은 편이며 카드 결제가 안 되니 현금을 꼭 챙겨야 한다.

🚶 푸껫 바바 뮤지엄에서 도보 3분 📍 48/1 Thepkrasattri Rd, Talat Yai, Mueang Phuket District, Phuket 🕐 10:00~22:00 ฿ 옐로우 크랩 커리 370바트, 무홍 265바트
📞 +66 76 355 909 🏠 facebook.com/OneChunPhuket

코피티암 바이 윌라이 Kopitiam By Wilai

올드 타운 메인 거리인 탈랑 로드에 위치한 코피티암 바이 윌라이는 접근성이 좋아 부담 없이 들르기 좋은 곳이다. 중국풍 건물 안에는 역사를 한눈에 볼 수 있는 사진들이 걸려 있어 구경하는 재미도 쏠쏠하다. 태국뿐 아니라 전 아시아를 아우르는 다양한 메뉴가 있으며 대부분 가격대가 100~200바트 선이다. 푸껫식 볶음면 호끼엔미와 페낭식 해물 볶음면 차콰이테우가 관광객이 많이 찾는 메뉴다. 다른 메뉴도 전반적으로 맛있어 가성비 좋은 로컬 식당을 찾고 있다면 코피티암에서 한 끼 제대로 즐겨 보자.

🚶 푸껫 바바 뮤지엄에서 도보 6분 📍 18 Thalang Rd, Talat Yai, Mueang Phuket District, Phuket 🕚 11:00~20:00 ❌ 일요일
🅱 호끼엔미 105바트, 차콰이테우 125바트, 똠얌꿍 155바트
📞 +66 83 606 9776 🅵 facebook.com/kopitiambywilai

뚜깝카오 레스토랑
Tu Kab Khao Restaurant

뚜깝카오는 한국어로 번역하면 '찬장'이라고 할 수 있는데 수수한 상호와는 달리 120년가량 된 시노 포르투기스 양식의 건축물은 부유층의 주택을 개조해 고풍스러운 분위기를 자아낸다. 미쉐린 가이드 빕 구르망은 물론이고 많은 해외 여행 업체나 태국 현지 매체에서도 자주 맛집으로 선정되는 곳이라 태국 셀럽들에게도 상당한 인기를 누리고 있다. 원춘과 마찬가지로 무홍과 게살 커리가 대표 메뉴이며 그밖에 타마린드 소스를 곁들인 생선 요리, 매콤 새콤한 국물 맛이 기가 막힌 깽솜쁠라(태국식 생선찌개) 등이 있다. 저녁 시간에 방문하려면 예약하고 가는 것을 추천한다.

🚶 푸껫 바바 뮤지엄에서 도보 4분 📍 8 Phang Nga Rd, Talat Yai, Mueang Phuket District, Phuket 🕚 11:00~21:00
🅱 크랩 커리 360바트, 똠얌꿍 195바트, 타마린드 소스를 곁들인 생선 요리 550바트 📞 +66 76 608 888
🅵 facebook.com/tukabkhao

디북 레스토랑 Dibuk Restaurant

2001년에 영업을 시작한 디북 레스토랑은 다양한 와인과 함께 프랑스 요리와 태국 요리를 동시에 맛볼 수 있는 곳이다. 정통 프렌치 스타일의 어니언 수프, 푸아그라, 필레 미뇽뿐만 아니라 돼지고기 요리 무홍, 팟타이 등 다양한 태국 음식도 있어 여러 가지 조합으로 식사를 즐길 수 있다. 기름지고 육향이 강한 프랑스 요리와 매콤하고 새콤한 태국 요리의 궁합이 생각보다 조화로운 편이라, 오히려 다른 데서는 하기 어려운 색다른 미식을 경험할 수 있다.

🏃 푸껫 바바 뮤지엄에서 도보 10분
📍 69 Dibuk Rd, Talat Yai District, Mueang Phuket District, Phuket 🕐 11:00~23:30
₿ 타이 푸드 100~150바트, 비프 부르기뇽 399바트, 에스카르고 269바트
📞 +66 76 214 138 🏠 facebook.com/By.Nok.SoontareeThiprat

라야 레스토랑 Raya Restaurant

라야 레스토랑은 태국의 유명 인사들도 즐겨 찾는 푸껫 타운의 대표적인 맛집이다. 20세기 초에 지어진 태국 화교 저택을 개조해 식민지 풍으로 꾸몄는데, 유니크한 무늬의 모자이크 타일 바닥이 특히 인상적이다. 무홍(푸껫 전통 돼지 고기 요리), 튀긴 농어 요리, 매콤한 새우 요리 등이 유명한데 그중에서 가장 인기가 많은 메뉴는 크랩 커리다. 방콕에서도 배달 요청이 들어와 항공편으로 보낼 정도라고. 합리적인 가격대의 와인도 구비되어 근사한 식사를 즐길 수 있다.

🏃 푸껫 바바 뮤지엄에서 도보 4분 📍 48/1 Dibuk Rd, Talat Yai, Mueang Phuket District, Phuket 🕐 10:00~22:00
₿ 크랩 커리 400~600바트, 카오팟 180~500바트, 무홍 350바트 📞 +66 76 218 155

푸껫에서 만나는 도가니탕 ····· ⑥
짠펜 ร้านลาบจันทร์เพ็ญ

한국인 관광객에게 잘 알려진 푸껫의 대표 맛집, 짠펜. 가게 곳곳에 한글 안내문과 메뉴판까지 구비할 정도로 한국 손님이 많다. 푸껫 타운 중심지에서 조금 떨어져 있긴 하지만 도보로 갈 만한 거리며, 바로 앞에 주차도 할 수 있어 방문하는 데 전혀 문제가 없다. 한식으로 치면 소 도가니탕이라고 할 수 있는 똠샙이 대표 메뉴로, 매콤하고 새콤한 국물이 입맛을 돋운다. 은근한 불향이 느껴지는 돼지 목살, 갈빗살, 곱창 숯불구이를 함께 맛보면 금상첨화! 바삭바삭하고 고소한 카오니여우삥(구운 찹쌀밥)도 판매하고, 그것을 물에 끓인 누룽지도 팔아 한국인 입맛에 더 이상 잘 맞을 수 없다. 예전만큼 좋은 평가는 아니지만, 그래도 여전히 단골이 많은 푸껫 타운의 오랜 맛집이다.

🚶 푸껫 바바 뮤지엄에서 도보 10분 📍 46/1 Luangpohw Rd, Talat Yai, Mueang Phuket District, Phuket
🕐 11:00~21:00 💰 똠샙(소 도가니탕) 200~300바트, 카무양(돼지 목살구이) 120바트, 카오니여우삥과 20바트
📞 +66 76 210 879

무사테와 랏나의 환상적 조합 ····· ⑦
쿤찟욧팍 Khun Jeed Yod Pak

코로나19에 전혀 영향 받지 않고, 오히려 찰롱에 2호점까지 오픈한 저력 있는 로컬 맛집. 쿤찟욧팍은 디카프리오 주연의 영화 <더 비치>의 배경으로 등장한 더 메모리 앳 온온 호텔 근처의 로컬 식당이다. 인기가 좋아 늘 사람으로 붐비지만 다른 로컬 식당에 비해 내부도 깔끔하고 주방도 위생적으로 운영해 안심할 수 있는 가게로도 손꼽힌다. 대표 메뉴는 랏나로 면, 야채, 고기, 해산물 등에 타피오카 전분을 풀어 만든 걸쭉한 소스를 부어 먹는 요리인데, 중국식 누룽지탕이나 게살 수프와 유사한 맛이다. 각종 재료의 풍미가 살아 있고 국물과 면은 부드럽게 호로록 넘어간다. 여기에 주문하면 바로 구워주는 무사테(돼지고기 꼬치)를 곁들이면 더욱 든든하다. 땅콩 소스와 새콤한 채소 절임이 약간의 느끼함을 완벽하게 잡아준다.

🚶 푸껫 바바 뮤지엄에서 도보 2분 📍 69 Phang Nga Rd, Talat Yai, Mueang Phuket District, Phuket
🕐 10:00~21:00 ❌ 수요일 💰 각종 국수 50바트~, 무사테 10개 60바트, 스프링 롤 40바트 📞 +66 61 246 6656

푸껫 카오만까이 양대 산맥 ······ ⑧

꼬따카오만까이 KOTA Khao Mun Kai

태국식 닭고기덮밥인 카오만까이를 전문으로 하는 로컬 식당으로 현지인에게 꾸준히 사랑받고 있다. 밥 위에 부드럽게 삶은 닭고기와 특제 소스를 올려 주는데, 심플하지만 깊은 맛을 느낄 수 있다. 카오만까이 외에 카오무댕(차슈를 올린 덮밥)도 유명하다. 닭 육수로 만든 수프도 함께 제공되는데 한국의 백숙 국물보다 훨씬 깔끔하고 시원하다. 저렴한 가격에 간단히 한 끼 식사를 해결하기 좋다.

🚶 푸껫 바바 뮤지엄에서 도보 7분
📍 16-18 Soi Surin, Talat Yai, Mueang Phuket District, Phuket 🕐 06:30~17:00
฿ 카오만까이 60바트, 카오무댕(차슈 덮밥) 70바트, 타이 아이스티 20바트
📞 +66 76 212 816

3대째 이어오는 국수 맛집 ······ ⑨

미톤포 Mee Ton Poe

1946년부터 3대째 이어오고 있는 전통 있는 음식점인 미톤포는 수린 서클 시계탑 근처에 있다. 쌀국수와 에그 누들을 비롯한 다양한 면을 활용한 국숫집으로 호끼엔미(푸껫식 중화 볶음면) 전문점으로 유명하다. 가장 인기가 많은 시그니처 메뉴, 미톤포 누들은 돼지고기, 해산물, 야채가 들어간 볶음국수다. 여기에 계란을 추가하려면 10바트를 더 내면 되고 면 종류도 취향에 따라 선택할 수 있다. 새콤한 똠얌꿍 누들과 카레 소스에 찍어 먹는 돼지고기 꼬치, 무사테도 이 집의 별미. 작은 사이즈에 자꾸자꾸 손이 가는 맛이라 한 사람당 사테 10개는 기본으로 먹게 된다.

🚶 푸껫 바바 뮤지엄에서 도보 6분, 수린 서클 시계탑 근처
📍 7-8 Phuket Rd, Talat Yai, Mueang Phuket, Phuket
🕐 09:00~18:30 ฿ 국수류 70~80바트, 무사테 60바트
📞 +66 76 216 293 🏠 facebook.com/meetonpoe

카놈찐파마이 Khanom chin PA Mai

카놈찐은 결혼이나 명절 등 큰 행사가 있을 때 주로 먹는 태국 전통 음식으로 쌀을 갈아 만든 국수다. 삶은 소면에 취향에 맞는 카레 소스를 선택해 버무려 먹으면 된다. 테이블에 세팅된 토핑과 소스 등은 무료로 추가할 수 있다. 제대로 된 현지 맛집을 좋아하는 로컬 마니아에게 특히 추천한다. 기본 국수 40바트에 토핑을 아무리 넉넉하게 추가해도 100바트 정도면 한 끼 식사를 해결할 수 있다. 카놈찐 파마이 외에도 푸껫 타운에는 카놈찐을 전문으로 하는 식당이 여러 개 있다.

🚶 푸껫 바바 뮤지엄에서 도보 11분
📍 V9PP+J4J, Talat Nuea, Mueang Phuket District, Phuket ⏰ 07:00~13:30
฿ 카놈찐 40바트, 닭튀김 20바트, 음료 20바트 📞 +66 86 690 3375

푼테 푸껫 Punte Phuket

딤섬, 카놈찐, 호끼엔미 등 푸껫 타운에서 먹어보고 싶은 것은 많은데 시간이 부족하다면 푼테 푸껫이 정답이다. 최근에 생긴 로컬 푸드 코트로 푸껫 타운의 지역 특색과 트렌드를 모두 담았다. 주변 식당에 비해 금액대도 저렴해서 이것저것 사다가 나만의 상차림으로 식사할 수 있다. 가게나 공용 공간도 깔끔하게 잘 관리되어 안심하고 방문해도 좋다.

🚶 푸껫 바바 뮤지엄에서 도보 8분 📍 101/2, 103, Talat Yai, Mueang Phuket District, Phuket ⏰ 08:00~18:00
฿ 호끼엔미 50바트, 스프링 롤 30바트, 생과일주스 25바트
📞 +66 98 671 4856
🏠 instagram.com/puntephuket_localstreetfood

책과 커피의 만남 ⋯⋯ ①
북헤미안 BOOKHEMIAN

메인 거리인 탈랑 로드에 위치한 북헤미안은 현지에
서 꾸준히 사랑받고 있는 카페다. 카페 내부는 아담한
편인데, 한쪽 벽면을 가득 채운 책장이 눈길을 사로잡
아 손님의 발길을 이끈다. 진열된 중고 책과 새 책을 판
매하며, 매장 안쪽에서 아기자기한 수공예품을 판매
한다. 커피 맛도 좋고 에어컨도 나오기 때문에 카페인
충전하며 쉬어가기 좋다. 구운 마시멜로를 올린 아이
스커피가 북헤미안의 시그니처 메뉴이며 크루아상, 케
이크 등 간단히 요기할 만한 베이커리 종류도 있다.

🚶 푸껫 바바 뮤지엄에서 도보 4분
📍 61 Thalang Rd, Mueang Phuket District, Phuket
🕐 평일 09:00~19:00, 주말 09:00~20:30
฿ 커피 70~90바트, 필터 커피 90~120바트,
베이커리 120~150바트 📞 +66 98 090 0657
🏠 facebook.com/bookhemian

카페 천국 푸껫 타운

푸껫 타운에는 예쁜 카페가 많아 카페 탐방을 즐기기도 제
격이다. 시노 포르투기스 양식의 이국적이고 빈티지함을 담
은 곳부터 눈에 띄게 트렌디한 곳까지 다양한 분위기의 카
페가 모여 있어 1일 2~3카페도 충분히 가능하다.

섬세하고 편안한 커피 맛집 ...... ②

더 셸터 커피 The Shelter Coffee

탈랑 로드에서 한 블록 떨어진 디북 로드 끝에 위치한 더 셸터 커피는 정원인 셸터 가든과 함께 운영되고 있다. 아담한 카페 내부는 아늑한 분위기이며 셸터 가든은 싱그러움 가득한 식물로 채워져 편안함이 가득 차 있다. 카페 전체를 아기자기한 소품으로 꾸몄는데, 하다못해 문손잡이까지 예쁜 섬세한 인테리어에 푹 빠지게 된다. 인테리어처럼 예쁜 병에 담긴 콜드 브루 커피 블랙홀은 향과 맛에서 깊은 풍미가 느껴진다. 올 데이 브렉퍼스트 메뉴와 스무디 볼 등의 헬시 푸드도 있고, 태국 음식도 판매해 간단하게 식사도 할 수 있다. 홈메이드 베이커리도 훌륭하다.

🚶 푸껫 바바 뮤지엄에서 도보 10분 📍 97 Dibuk Rd, Talat Nuea, Mueang Phuket District, Phuket 🕐 평일 07:30~16:00, 주말 07:30~17:00 ฿ 풀 브렉퍼스트 269바트, 블랙홀 커피 100바트, 타이 밀크티 70바트 📞 +66 86 595 5148
🏠 facebook.com/thesheltercoffeephuket

커피, 차, 수제 맥주까지 한번에 ······ ③
도우 브루 커피 & 크래프트
Dou Brew Coffee & Craft

태국인 젊은 부부가 운영하는 도우 브루 커피 & 크래프트는 빈티지한 청록색 건물 외관이 눈에 확 들어와 찾기 어렵지 않다. 질소를 충전해 부드러운 거품과 깊은 풍미를 내는 니트로 콜드 브루 커피를 판매하며 색감이 예쁜 다양한 유기농 차와 수제 맥주도 갖추고 있다. 태국 북부 지역에서 생산되는 로컬 원두를 많이 사용하고 있다는 것도 주목할 만한 특징. 진한 초콜릿 음료가 시그니처 메뉴고 그 밖에 베이커리와 수제 초콜릿도 있어서 여행 도중 카페인과 당을 충전하기 제격이다. 게스트하우스도 함께 운영하고 있다.

🚶 푸껫 바바 뮤지엄에서 도보 5분 📍 15 Soi Rommani, Talat Yai, Mueang Phuket District, Phuket
🕐 평일 08:00~18:00, 주말 08:00~19:00
💲 시그니처 초콜릿 120바트, 더블러 커피 85바트, 크래프트 더티 100바트
📞 +66 91 825 2435
🏠 facebook.com/DouBrewCoffee

모던한 분위기의 로스터리 카페 ······ ④
러시 커피 롬마니 Rush Coffee Rommani

모던한 분위기의 2층 건물에 자리한 러시 커피는 직접 로스팅한 원두를 사용하는, 푸껫 유일의 로스터리 카페로 커피 마니아들의 발걸음이 끊이지 않는다. 1층 안쪽 유리창을 통해 초록 초록 싱그러운 정원을 볼 수 있으며 2층은 공간이 넓고 여유로워 워케이션을 즐기는 여행자에게 특히 추천할 만하다. 맛이 일품인 아메리카노, 콜드 브루 커피 등을 맛볼 수 있으며 프렌치토스트, 잉글리시 브렉퍼스트와 같은 브런치나 간단한 태국 음식이 있어 식사까지 해결할 수 있다. 에어컨이 있는 쾌적한 카페에서 진한 커피향을 즐기고 싶다면 러시 커피를 추천한다.

🚶 푸껫 바바 뮤지엄에서 도보 5분 📍 31 Soi Rommani, Talat Yai, Mueang Phuket District, Chang Wat Phuket
🕐 08:00~17:00, 일요일 08:00~19:30 💲 콜드 브루 90바트, 아메리카노 70바트, 프렌치토스트 140바트, 잉글리시 브렉퍼스트 180바트 📞 +66 65 028 4585
🏠 facebook.com/RUSHcoffeePhuket

푸껫에서 핫한 아이스크림 맛집 ⑤
토리스 아이스크림 Torry's Icecream

푸껫 타운 메인 거리인 탈랑 로드에서 디북 로드로 이어지는 롬마니 로드는 짧은 거리지만 아기자기한 예쁜 카페와 상점이 많이 모여 있다. 그중에서 가장 인기가 좋은 곳이 바로 토리스 아이스크림. 다양한 맛의 아이스크림을 스쿱 단위로 판매하며 와플이나 마카롱, 크루아상 등과 조합을 이룬 특별한 메뉴도 많아 눈과 혀가 모두 즐겁다. 꿀 아이스크림에 푸껫 전통 과자들을 곁들인 '푸껫 트레저' 메뉴가 시그니처! 디저트를 예쁜 그릇에 담아주어 절로 카메라에 손이 가며, 인테리어도 고풍스러워 SNS용 사진을 찍기에도 딱이다.

🚶 푸껫 바바 뮤지엄에서 도보 5분
📍 16 Soi Rommani, Talat Yai Mueang Phuket District, Phuket
🕐 10:00~18:00 ฿ 아이스크림 1스쿱 85바트, 크루아상 샌드 180바트, 푸껫 트레저 250바트 📞 +66 76 510 888
🏠 torrysicecream.com

오토바이 타는 듯 시원한 대형 카페 ⑥
커브 하우스 푸껫 CUB House Phuket

커브 하우스는 혼다의 오토바이, 자전거 및 부품을 전시, 판매하는 브랜드로 푸껫뿐만 아니라 전 세계 곳곳에 지점을 두고 있다. 커브 하우스 푸껫은 매장과 카페를 함께 운영하고 있는데, 내부 공간이 크고 넓어 쾌적한 데다, 에어컨도 시원하게 나와서 바이크와 상관없이 음료를 마시며 쉬어가기 좋다. 탈랑 로드 동쪽 끝부분에 자리해 탈랑 로드를 한참 구경하고 더위를 식히러 방문하면 딱이다.

🚶 푸껫 바바 뮤지엄에서 도보 2분 📍 1/13 Thepkrasatree Rd, Talat Yai, Mueang Phuket District, Phuket 🕐 화~토요일 08:30~17:00, 일요일 11:00~20:00 ❌ 월요일 ฿ 아메리카노 90바트, 니트로 콜드 브루 130바트, 크루아상 80바트
📞 +66 76 354 662 🏠 facebook.com/CUBhousePhuket

높은 층고, 채광 좋은 카페 ······⑦
스테어 카페 앤 비스트로
Stairs Cafe and Bistro

푸껫 타운 중심에선 조금 떨어진 디북 로드에 위치한 이 카페는 입구가 눈에 띄지 않아 모르고 간다면 그냥 지나치기 쉽다. 존재감이 작은 입구를 통해 계단을 올라가면 층고가 높은 복층 구조의 넓은 공간이 나타나 깜짝 놀라게 된다. 인더스트리얼 스타일의 인테리어에 벽면과 천장의 넓은 창문으로 볕이 잘 들어 따뜻하고 아늑한 느낌이다. 창문 너머로 하늘을 보며 커피를 즐길 수 있어서 날씨가 좋은 날은 좋은 날대로, 비가 오는 날은 비가 오는 대로 운치가 느껴진다. 커피 맛도 좋고 커리나 누들 메뉴가 있어 간단히 요기도 가능하다. 아직까진 그렇게 유명하지는 않아 여유롭게 휴식할 수 있다는 것도 장점!

🚶 푸껫 바바 뮤지엄에서 도보 7분　📍 39 Dibuk Rd, Talat Yai, Mueang Phuket District, Phuket　🕐 18:00~02:00
❌ 월요일　💲 아메리카노 90바트, 비프 커리 130바트
📞 +66 62 882 4493　🏠 facebook.com/Stairsphuket

멋스러운 푸껫 타운의 감성 ······⑧
루프 푸딩 앤 카페 Roof Pudding and Cafe

팬데믹을 거치면서 오히려 주가가 오른 푸껫 타운엔 트렌디한 감성의 카페도 많이 생겼다. 그중에 한 곳이 바로 루프 푸딩 앤 카페! 오래된 건물의 내부 형태는 그대로 살리고 전체적으로 화이트 톤으로 마감했다. 거기에 플랜테리어가 더해져 공간 자체가 참 멋스럽다. 커피 맛도 괜찮고, 시그니처인 캐러멜 커스타드 푸딩은 입에서 살살 녹는다. 크루아상, 케이크 같은 베이커리도 있으니 더위도 식히고, 당 충전도 해 보자. SNS 업로드용 사진을 찍기에도 최적이다.

🚶 푸껫 바바 뮤지엄에서 도보 5분
📍 V9MP+QX9, Yaowarad Rd, Talat Yai, Mueang Phuket District, Phuket
🕐 09:00~18:00, 일요일 09:00~20:00
💲 더티커피 110바트, 아이스 아메리카노 90바트, 푸딩 80바트　📞 +66 84 241 1463
🏠 facebook.com/roofpudding

맛있어서 무조건 0칼로리 ······⑨
푸껫티크 Phuketique

푸껫 타운에서 줄 서서 먹는 맛집 1순위. 푸껫티크의 존재를 몰라도 가게 앞에 장사진을 이룬 사람들 때문에 가게를 기웃거리다 웨이팅에 동참하게 될 것이다. 두껍게 썬 식빵을 버터에 튀기듯이 구워 겉은 바삭하고 속은 버터의 풍미를 가득 머금고 있어 식감이 아주 부드럽다. 계속 버터를 끼얹어 가며 굽고 참참이 설탕도 뿌리기 때문에 캐러멜 코팅이 되어 극한의 단맛을 보여준다. 토핑으로 아이스크림까지 얹으면 게임 끝. 칼로리는 폭발하겠지만 여행 중에 먹는 건 0칼로리. 아이스 아메리카노와 찰떡궁합이다.

🚶 푸껫 바바 뮤지엄에서 도보 6분 📍 2 Ranong, Talat Nuea, Mueang Phuket District, Phuket 🕐 11:00~22:00
❌ 화요일 ฿ 버터 토스트 150바트, 아이스 아메리카노 70바트
📞 +66 61 624 0400

가장 푸껫스러운 카페 ······⑩
므이암 카페 Mue Yium Cafe

므이암 카페는 올드 푸껫 커피라는 이름으로 잘 알려졌던 카페로, 코너에 위치하고 전면이 탁 트여 있어 바깥 풍경을 구경하며 휴식하기 좋다. 시노 포르투기스 건물에 자전거로 장식된 외관이 유명하며 내부 역시 오래된 사진, 라디오 등의 소품으로 꾸며져 올드 타운 분위기에 잘 어울린다. 커피 및 차 종류도 다양하고 맥주와 와인, 칵테일 등 주류도 구비되어 있다. 또, 샌드위치와 100~150바트가량의 태국 음식도 있어 간단히 요기하기도 괜찮다.

🚶 푸껫 바바 뮤지엄에서 도보 6분
📍 2 Thalang Rd, Talat Yai, Mueang Phuket District, Phuket 🕐 10:00~18:00
฿ 오리지널 타이 스타일 커피 70바트, 비엔나 커피 90바트, 아메리카노 70바트
📞 +66 64 246 5562

재즈가 흐르는 밤 ⋯⋯⋯ ①
비밥 라이브 뮤직바
Bebop Live Music Bar

푸껫 타운에는 여러 개의 라이브 바가 있는데 그중에 가장 퀄리티 좋은 재즈 공연을 만날 수 있는 곳이 바로 비밥 라이브 뮤직바다. 주인장이 직접 밴드 뮤지션으로 참여할 만큼 음악에 열성적인 데다가 재즈, 소울, 라틴, 블루스 및 팝 음악을 연주하는 현지 및 국제 밴드 라인업을 갖추어 매일 밤 다양한 스타일의 공연을 진행한다. 바 내부가 그리 넓지 않고 오밀조밀해 뮤지션을 가까이서 볼 수 있으며 단골손님도 많아 화목한 분위기다. 칵테일이나 와인 등 음료만 주문하고 음악을 즐기는 사람이 대부분이나 간단한 음식 메뉴도 있어서 식사도 가능하다.

🚶 푸껫 바바 뮤지엄에서 도보 5분
📍 24 Takuapa Rd, Talat Yai, Mueang Phuket District, Phuket ⏱ 19:00~24:00, 일요일 17:00~24:00 ฿ 칵테일, 와인 150~250바트
📞 +66 89 591 4611
🏠 facebook.com/100063595748902

유쾌한 분위기의 널찍한 라이브 바 ⋯⋯⋯ ②
파파줄라 Papazula

탁 트인 넓은 공간의 라이브 바로, 빈티지하면서 개성 있는 내부 인테리어가 인상적이다. 화려한 장식과 고풍스러운 소품이 어우러져 독특한 분위기를 자아낸다. 태국 음식, 양식뿐만 아니라 터키, 중동 음식에 이르는 전 세계 요리를 갖추고 있어서 이국적인 스타일의 식사도 가능하다. 느지막이 방문해 칵테일이나 맥주 한잔하며 음악에 빠져들어 보자. 외부 테라스 좌석도 있으며 직원들도 매우 유쾌해서 가볍고 자유로운 분위기로 푸껫의 밤을 즐길 수 있다.

🚶 푸껫 바바 뮤지엄에서 도보 1분
📍 15 Phuket Rd, Talat Yai, Mueang Phuket District, Phuket ⏱ 12:00~24:00
฿ 칵테일 190바트, 로컬 맥주 170바트, 치킨 윙 290바트, 피자 250바트
📞 +66 76 390 799

로컬 흥이란 이런 것 ······ ③
더 칼럼 푸껫 The Column Phuket

더 칼럼 푸껫은 모던한 분위기의 칵테일 바로 현지 젊은 이에게 아주 인기가 많다. 가격대는 주변의 다른 바에 비해 조금 비싼 편이지만, 그만큼 퀄리티 좋은 칵테일을 맛볼 수 있다. 시간이 늦어지면 라이브 음악을 연주하고 화려한 조명까지 켜져 클럽 무드로 바뀐다. 흥 돋는 밤을 보내고 싶다면 이곳에 방문해 보자!

🚶 푸껫 바바 뮤지엄에서 도보 5분 📍 18 20 Takuapa Rd, Talat Nuea, Mueang Phuket District, Phuket ⏰ 17:00~01:00
❌ 수요일 ฿ 칵테일 200바트 내외 📞 +66 94 535 9626
🏠 facebook.com/thecolumnphuket

현지인이 사랑하는 라이브 바 ······ ④
세와나 SEWANA

탈랑 로드 초입에 자리한 세와나는 라이브 공연과 스포츠 중계를 함께 즐길 수 있는 곳이다. 밤이 되면 가게 바깥쪽으로 테이블이 설치되는데 인기가 많아 피크 타임에 가면 빈자리를 찾기 힘들다. 음식 메뉴도 다양해서 식사하면서 술 한잔하기 좋다. 음식과 주류 모두 합리적인 가격대라 현지 젊은이들이 많이 찾는다.

🚶 푸껫 바바 뮤지엄에서 도보 1분 📍 3 Phuket Rd, Talat Yai, Mueang Phuket District, Phuket ⏰ 16:00~01:00
฿ 맥주 80~150바트, 칵테일 150바트~ 📞 +66 91 546 5656

푸껫 힙스터의 성지 ······ ⑤
더 라이브러리 푸껫 The Library Phuket

푸껫 타운에서 가장 비밀스럽고 힙한 곳, 더 라이브러리! 외부 인테리어만 보면 도서관 분위기가 느껴지는 카페 정도로 생각할 수 있는데, 입구를 들어서는 순간 시공간을 뛰어넘은 듯 푸껫에서 가장 화려한 바가 나타난다. 화려한 조명과 신나는 음악이 어우러지며 늦은 시간까지 불야성을 이룬다. 특히 금~토요일에 방문하면 발 디딜 곳이 없을 정도니 소지품과 정신 모두 잘 챙길 것!

🚶 푸껫 바바 뮤지엄에서 도보 10분 📍 11 Ratsada Rd, Talat Yai, Mueang Phuket district, Phuket ⏰ 21:00~02:00
฿ 칵테일 300바트 내외 📞 +66 95 039 0836

푸껫 타운을 지배하는 마사지 체인

킴스 마사지
Kim's Massage

푸껫 타운에서 가장 많이 볼 수 있는 간판이 '金(Kim's)'이다. '킴스 마사지'란 이름은 창립자 김 마담의 성 '金'을 따 만든 것으로 한국인에게 익숙한 한자라 눈에 잘 띄기도 하지만, 실제로 푸껫 타운에만 8개의 지점이 있는 체인 마사지 숍이라 곳곳에서 만날 수 있다. 대체로 매장이 넓은 편이고 내부 인테리어가 매우 깔끔하고 쾌적하다. 가격대도 일반 로컬 마사지 숍과 거의 비슷하거나 약간 비싼 정도라 최고의 가성비를 자랑한다. 실력 있는 마사지사가 많이 상주해 있어 단체 손님에게도 인기가 좋다.

킴스 마사지 Kim's Massage

- 타이 마사지 300바트(1시간), 500바트(2시간), 풋 & 핸드 마사지 300바트(1시간), 아로마 오일 마사지 500바트(1시간)
- ◆ 지점에 따라 요금이 상이할 수 있음
- 🏠 kimsmassagespa.com

1호점

- 🚶 푸껫 바바 뮤지엄에서 도보 10분, 로빈슨 쇼핑몰 맞은편
- 📍 15 Thavornwongwong Rd, Talat Yai, Mueang Phuket District, Phuket
- 🕐 10:30~22:30
- 📞 +66 81 271 2404

2호점 * 임시 휴업 중

- 🚶 푸껫 바바 뮤지엄에서 도보 10분, 오션 쇼핑몰 맞은편
- 📍 83 Tilok Utis 1 Rd, Talat Yai, Mueang Phuket District, Phuket
- 🕐 10:30~22:30
- 📞 +66 87 886 5939

5호점

🚶 푸껫 바바 뮤지엄에서 도보 2분, 다리 건너 직진

📍 131 Phangnga Rd, Talat Yai, Mueang Phuket
District, Phuket

🕐 10:30~22:00

📞 +66 76 390 677

 8호점

🚶 푸껫 바바 뮤지엄에서 도보 5분, 몬트리 호텔 1층

📍 12/6 Montri Rd, Talat Yai, Mueang Phuket
District, Phuket

🕐 10:30~22:30

📞 +66 98 018 8022

 6호점

🚶 푸껫 바바 뮤지엄에서 도보 9분, 수린 서클에서 7시 방향

📍 52, Tilok Utis 1 Rd, Talat Yai, Phuket
Town, Phuket

🕐 10:30~22:30

📞 +66 93 638 6688

 9호점

🚶 푸껫 바바 뮤지엄에서 도보 5분, 루프 푸딩 건너편

📍 33 Yaowarat Rd, Talat Nuea Mueang Phuket
District, Phuket

🕐 10:30~22:30

📞 +66 76 530 600

 7호점

🚶 푸껫 바바 뮤지엄에서 도보 5분, 라임라이트 2층

📍 2/23 Dibuk Rd, Talat Yai, Mueang Phuket District,
Phuket

🕐 11:00~22:00

📞 +66 81 987 0020

 12호점

🚶 푸껫 바바 뮤지엄에서 도보 5분, 탈랑 로드 서쪽 끝

📍 36 Thalang Rd, Talat Yai Mueang Phuket District,
Phuket

🕐 10:30~22:30

📞 +66 76 530 300

AREA ····④

때묻지 않은 청명함

푸껫 남부
SOUTH PHUKET

#숨은보석 #전망맛집 #일몰 #청명한바다 #찰롱피어
#프롬텝케이프 #라와이 #빅붓다 #왓찰롱

북부에 비해 개발되지 않은 푸껫 남부는 때 묻지 않은 해변과
소박한 어촌 마을의 일상이 아직 살아 숨쉬는 곳이다.
덕분에 곳곳에 숨겨진 보물 같은 스폿을 발견하는 즐거움이 있다.
푸껫 어느 곳보다 깨끗한 해변에서 보내는 오롯한 휴식 시간,
프롬텝 케이프에서 만나는 천혜의 자연 절경과 아름다운 석양을
놓치지 말자. 푸껫 주변 섬 투어, 스쿠버 다이빙의 시작과 끝이 되는
찰롱 피어 부근도 알짜배기 맛집, 카페가 많이 생겨나
소담하고 편안한 시간을 보낼 수 있다.

4030

03 뷰 카페 앳 푸껫

위 카페 02   4024

세레스 푸껫 03   4233

02 왓찰롱

11 미스터 궁

• 까론 비치

4030

4024

4021

01 빅 붓다

• 까따 비치

4030

헤븐
레스토랑 & 바   12
        04 까론 뷰포인트   4313   4024

4009

나이한 비치 06

08 라와이 비치

니키타스   04
비치 레스토랑
                06 묵마니
킴스 마사지 01
                07 쿤파

07 야누이 비치

02 파가마스트 마사지

프롬텝 케이프 05   3047

05 살라러이 시푸드

08 카오문까이

02 솜찟 누들

10 코사 노스트라 푸껫

03 찰롱 피어

01 깐앵 앳 피어

09 하나 라멘 라와이

라가 푸껫 01

 SIGHTSEEING   EATING   CAFE   MASSAGE

빅 붓다 Big Buddha

푸껫의 가장 중요한 랜드마크로 꼽히는 빅 붓다는 찰롱과 까따 사이의 나커드 언덕 정상에 자리한다. 2004년 푸껫을 강타한 대형 쓰나미 이후 희생자와 유가족을 위로하고 재해가 없길 기원하는 마음으로 세웠으며 지금도 공사가 계속되고 있다. 건설비는 모두 기부금으로 충당하고 있어 벽면 곳곳에 기부자의 이름이 적혀 있다. 높이 45미터, 무게 1,000톤에 달하는 태국 최대 규모의 불상은 멀리서도 쉽게 눈에 띄는데, 실제로 날씨가 좋은 날엔 푸껫의 다른 지역에서도 정상 위에 우뚝 솟은 빅 붓다의 모습이 보인다. 몸 전체에 하얀 대리석을 입힌 불상은 햇빛을 받으면 더욱 밝게 빛나며 얼굴에는 절로 마음이 편안해지는 인자한 미소를 띠고 있다. 불상을 빙 둘러 푸껫섬과 바다의 전망이 시원하게 펼쳐지고 해 질 녘이면 노을이 불상과 풍경을 붉게 물들여 평생 기억에 남을 장관을 눈에 담을 수 있다. 푸껫 남부의 중심에 있어 어디서도 그리 멀지 않으니 꼭 시간 내서 방문하길 권한다.

🚶 찰롱 피어에서 차량 20분, 나커드 언덕 꼭대기
📍 1 Yot Sane Rd, Chalong, Mueang Phuket District, Phuket
🕐 06:30~18:30 ฿ 무료

왓찰롱 Wat Chalong

왓찰롱은 푸껫에 있는 29개의 불교 사원 중 가장 큰 규모로, 1876년 지어져 100년이 훌쩍 넘게 푸껫을 지키고 있다. 사원은 여러 동으로 구성되어 있고 붉은색과 황금색 장식품으로 치장되어 햇살을 받으면 더욱 화려하게 빛난다. 루앙포, 루앙포추앙, 루앙포클루옵 스님의 실물 크기의 동상도 만날 수 있는데, 스님들에 대한 존경을 담아 동상에 직접 금박을 입히고 소원을 비는 사람도 많다. 종교와 관계 없이 의식에 참여할 수 있으니 푸껫만의 이색적인 체험이라 생각하고 소원을 빌어 보자. 사원에 입장할 때는 민소매나 무릎이 많이 드러나는 짧은 하의를 입을 수 없으니 미리 소매가 긴 옷을 입고 가거나 스카프 등을 챙겨 가야 한다. 관광객뿐만 아니라 기도를 위해 방문하는 현지인도 많아 사원은 늘 붐빈다.

🏃 찰롱 피어에서 차량 10분 📍 70 Moo 6, Chao Fah Tawan Tok Rd, Chalong, Mueang Phuket District, Phuket 🕐 08:00~17:00 📞 +66 76 381 226
🏠 wat-chalong-phuket.com

찰롱 피어 Chalong Pier

푸껫의 남동쪽 해안 중심에 자리 잡은 찰롱은 해수욕을 즐기기는 어렵지만, 다양한 종류의 배가 드나드는 항구가 있어 늘 북적인다. 라차섬, 피피섬 등 주변 섬으로 향하는 배들이 많이 오가는 곳으로 스노클링, 스쿠버 다이빙, 요트 투어와 같은 해양 액티비티의 시작이자 끝 지점이라고 할 수 있다. 멀리서도 눈에 확 들어오는 연분홍색의 등대는 여러 투어와 여행자의 만남 장소로 이용된다. 찰롱 서클 주변으로 마켓 빌리지, 마크로 등의 대형 할인 마트가 있고 로컬 식당과 숙소, 다이빙 숍도 모여 있다.

🏃 까따 비치에서 차량 12분, 푸껫 타운에서 차량 20분 📍 46/20 Chalong, Mueang Phuket District, Phuket ⏰ 08:00~20:00 📞 +66 81 477 5065

까론 뷰포인트 Karon Viewpoint

까따 비치 남쪽에 차로 10분 정도면 갈 수 있는 까론 뷰포인트는 푸껫에서 가장 인기 좋은 전망대 중 하나다. 까따노이부터 까론까지 연결되는 해안선과 에메랄드빛 안다만해의 풍경이 시원하게 펼쳐져 전망을 보기 위해 찾는 사람이 많다. 푸껫 남부로 가는 길에 들르기 좋고 주차장이 있어 차량으로 이동하기도 편하다. 다만 주차장이 그리 크지 않으니 일몰을 보고 싶다면 서두르는 것이 좋다. 뜨거운 햇빛을 막아주는 정자가 있고 멋진 풍광을 배경 삼아 인생 사진도 남길 수 있으니 드라이브 삼아 한번 들러보길 바란다.

🏃 찰롱 피어에서 차량 15분, 까따 비치에서 차량 10분 📍 4233, Karon, Mueang Phuket District, Phuket ⏰ 24시간

푸껫 최고의 일몰 명소 ····· ⑤

프롬텝 케이프 Promthep Cape

푸껫 최남단에 자리하는 프롬텝은 육지에서 바다를 향해 돌출된 곳(케이프)로 푸껫 남부 해안의 탁 트인 전망을 만날 수 있다. 이곳에서 바라보는 노을은 푸껫 다른 어디에서도 볼 수 없는 풍경인데, 깎아지른 언덕과 끝없는 수평선을 물들이는 석양은 아름답고 강렬한 최고의 기억을 선물한다. 푸껫 해양 박물관으로 보존 중인 등대도 있는데 날씨가 좋은 날엔 이곳에서 멀리 피피, 라차 섬까지 보일 정도로 전망이 좋다. 일몰 시간 즈음이 되면 수많은 인파가 몰리는데, 주변 주차장이 꽉 차서 도로까지 메울 정도니 미리 방문해 자리 잡는 게 좋다. 근처에 풍력 발전기가 있는 절벽 위에 또 다른 전망대인 윈드밀 뷰포인트도 있는데 좀 더 여유롭게 해넘이를 즐기고 싶다면 자리를 옮겨보는 것도 괜찮은 방법이다.

🚶 찰롱 피어에서 차량 16분 📍 97 Yanui Rd, Rawai, Mueang Phuket District, Phuket

나이한 비치 Nai Harn Beach

나이한 비치는 고운 모래사장과 에메랄드 물빛으로 유명해 푸껫 남부에서 해수욕하기 좋은 해변으로 손꼽힌다. 나선형으로 휘어지는 해안선은 수심이 깊지 않고 파도가 완만해 아이들이 물놀이하기도 좋다. 주변에 요트 클럽이 있어 매년 요트 경기가 있는 시기에는 바다를 꽉 메운 요트들이 장관을 이루기도 한다. 해변 바로 뒤쪽으로 담수호인 나이한 레이크가 있어 서로 다른 분위기의 시간을 한 곳에서 즐길 수 있다. 호수를 따라 공원을 조성해 해수욕을 즐기다 산책하며 기분 전환하기 좋다. 양옆으로 아오쎈, 야누이 비치가 자리한다.

🚶 찰롱 피어에서 차량 17분, 프롬텝 케이프에서 차량 8분 📍 110 Nai Harn Beach Rd, Rawai, Mueang Phuket District, Phuket

숲속에 숨겨진 파라다이스 ⋯⋯ ⑦

야누이 비치 Yanui Beach

나이한 비치에서 프롬텝 케이프로 가는 길에 들르기 좋은 야누이 비치는 주차장
과 울창하게 뻗은 나무에 가려 모르는 사람은 그냥 지나치기 십상이다. 하지만
안쪽으로 들어가면 그 어느 곳에서도 만나기 힘든 소박한 아름다움의 해변을 만
날 수 있다. 아늑하고 새하얀 모래사장에 썰물이 되면 백사장과 이어지는 작은
섬이 운치를 더한다. 덕분에 푸껫 현지인과 여행자 모두 해수욕과 소풍을 즐기러
찾아오는 숨은 명소가 되었다. 입구에 식당이 있어 요기하기도 좋고, 카약 대여
소도 있어 바다 위에서 풍경을 즐길 수도 있다. 일몰이 아름답기로도 유명하다.

🚶 찰롱 피어에서 차량 17분, 프롬텝 케이프에서 도보 15분　📍 Q884+XM7 4030, Rawai
Mueang Phuket District, Phuket

라와이 비치 Rawai Beach

남동부에 위치한 라와이 비치는 다른 유명 해변들과는 확연히 다른 분위기를 풍긴다. 모래사장이 넓지 않아 해수욕을 즐기는 여행객이 거의 없다. 대신 고기잡이배와 롱테일 보트가 오가는 현지 어촌의 모습을 생생하게 지켜볼 수 있다. 롱테일 보트를 대여해 주변의 섬들을 한 바퀴 둘러보는 라와이만의 특별한 투어도 가능하다. 해변가를 따라 비치 레스토랑과 마사지 숍, 상점이 있으니 바다를 보며 식사하거나 맥주 한잔 마시며 쉬어 가기도 좋다.

🚶 찰롱 피어에서 차량 15분, 프롬텝 케이프에서 차량 5분
📍 42 Moo 6, Viset Rd, Rawai, Muang Phuket District, Phuket

흥정의 맛을 느낄 수 있는 해산물 천국
라와이 시푸드 마켓 Rawai Seafood Market

푸껫 남부에서 신선한 해산물 만찬을 즐기고 싶다면 라와이 비치 옆에 자리한 라와이 시푸드 마켓이 정답이다. 500미터 정도의 거리를 따라 해산물 판매점, 음식점 등이 늘어선 수산 시장으로 푸껫에서도 저렴한 편에 속한다. 해산물을 구입해 식당에 가서 비용(1킬로그램당 100바트가량)을 지불하면 원하는 방식으로 조리해 준다. 늦은 오후가 되어서야 활기를 띠니 일몰을 감상하고 방문하자. 시장을 구경하며 저녁을 먹으면 된다.

🚶 찰롱 피어에서 차량 15분, 프롬텝 케이프에서 차량 7분
📍 9, 22/9 4233 Rawai, Mueang Phuket District, Phuket
🕘 09:00~21:00

쾌적하고 우아한 시푸드 레스토랑 ······ ①

깐앵 앳 피어 KanEang@Pier

찰롱 항구 앞에 위치한 깐앵 앳 피어는 남부를 대표하는 시푸드 레스토랑이다. 바다가 보이는 야외 공간이 매우 넓고, 에어컨이 나오는 실내는 쾌적하면서도 고풍스럽다. 프라이빗한 식사 공간도 있는데 이는 인기가 많으니 예약하는 것이 좋다. 입구에 있는 수족관에서 직접 보고 생선과 해산물을 고를 수 있고 무게당 가격이 꽤 비싼 편. 그렇지만 신선한 재료로 셰프가 솜씨 좋게 떠주는 랍스터, 타이거 쉬림프 사시미를 맛보면 그만한 가치가 있음을 깨닫게 될 것이다. 와인 리스트도 알찬 편이라 와인과 함께 분위기 있게 식사하기 제격이다.

🚶 찰롱 피어에서 도보 1분 📍 44/1 Moo 5, Viset Rd, Chalong, Mueang Phuket District, Phuket 🕐 10:30~23:00 ฿ 시푸드 플래터 3,200바트, 랍스터 사시미 450바트(100그램), 타이거 쉬림프 사시미 350 바트(100그램) 📞 +66 83 173 1187 🏠 kaneang-pier.com

한국인에게 유명한 로컬 국수 ······ ②

솜찟 누들 Somjit Noodle

솜찟 누들은 한국인이 자주 찾는 곳이라 구글 지도, 간판, 메뉴 모두에서 한글 표기를 찾아볼 수 있다. 찰롱 로터리에서 푸껫 타운으로 가는 방향에 있는데, 일부러 찾아가지 않으면 가기 힘든 위치. 그럼에도 패키지 투어의 한 코스로 들르거나, 렌터카나 택시를 이용해 찾아가는 사람이 많다. 크게 비빔국수, 물 국수가 있는데 매운 정도와 면 종류를 취향에 맞게 선택할 수 있다. 면 중에선 계란 반죽으로 만든 담백한 맛의 바미(에그 누들)가 인기가 많은 편. 가격이 저렴하니 바미행(에그 누들 비빔국수), 바미남(에그누들 물 국수) 두 가지 모두 주문해 맛보도 좋다.

🚶 찰롱 피어에서 도보 15분 📍 18/72 Moo 8, Chao Fa Rd, Chalong, Mueang Phuket District, Phuket 🕐 08:00~16:00 ฿ 행(비빔국수), 남(물 국수), 행똠얌(매운 비빔국수), 남똠얌(매운 물 국수) 미디움 70바트, 점보 100바트 📞 +66 85 641 9955

깔끔한 식당만큼 정갈한 한식 ······ ③

세레스 푸껫 Ceres Phuket

찰롱과 푸껫 타운 중간쯤에 위치하는 세레스 푸껫은 깔끔한 분위기의 한식당이다. 렌터카를 이용해 방문하거나 찰롱에서 액티비티나 투어를 즐기고 돌아가는 길에 들르기 좋다. 짜장면, 냉면, 떡볶이 등 해외여행 가면 꼭 생각나는 대표 한식 메뉴를 만날 수 있고, 바비큐 립 등 고기 메뉴도 있어 부족함 없이 주문할 수 있다. 빠똥에 있는 한식당에 비해 저렴한 편이라 가격 부담이 덜한 것도 큰 장점. 팬데믹 동안 K-드라마, K-푸드의 인기가 드높아지면서 세레스를 찾는 현지인도 늘어 줄을 설 때도 있다.

🏃 찰롱 피어에서 차량 15분 📍 1/107, Chao Fah Tawan Tok Rd, Chalong, Mueang Phuket District, Phuket ⏱ 10:00~22:00
🍴 짜장면 240바트, 소불고기 300바트, 김치찌개 240바트, 냉면 220바트
📞 +66 93 640 5500
🏠 facebook.com/ceresphuket

잔잔하게 즐기는 라와이 전망 ······ ④

니키타스 비치 레스토랑
Nikitas Beach Restaurant

20년 이상 영업해 온 니키타스는 라와이 해변을 따라 쭉 늘어선 비치 레스토랑 중 하나다. 커다란 나무 아래 숨겨진 방갈로 느낌의 입구를 통과하면 바다가 정면으로 펼쳐진 야외 테라스가 나온다. 나무 그늘과 파라솔이 있고, 바닷바람도 간간이 불어와 한낮에도 크게 덥지 않다. 해변 바로 앞이라 음식 가격은 약간 비싼 편이지만 대부분의 음식이 평균 이상의 맛을 보장한다. 밤이 되어 조명이 켜지기 시작하면 더욱 로맨틱한 분위기가 펼쳐진다.

🏃 찰롱 피어에서 차량 15분, 프롬텝 케이프에서 차량 5분
📍 44/1 Wised Rd, Rawai, Mueang Phuket District, Phuket
⏱ 10:00~23:30 🍴 갈릭 앤 페퍼 프라이 230바트, 솜땀 95바트, 똠얌꿍 240바트, 돼지 목살구이 230바트
📞 +66 95 827 5608
🏠 atasteofrawai.info/nikitas

여유롭게 식사하기 좋은 비치 레스토랑 ⑤

살라러이 시푸드 Salaloy Seafood

라와이 비치의 인기 레스토랑인 살라러이는 니키타스 맞은편에 있다. 실내 좌석과 외부 좌석이 도로를 사이에 두고 떨어져 있는 것이 특징. 니키타스만큼 바다와 가깝지는 않지만 해변을 바라보며 식사하기엔 부족함이 없다. 다양한 해산물과 태국 음식 메뉴가 구비되어 있어 원하는 대로 주문할 수 있다. 굴을 넣어 만든 태국식 오믈렛, 새우구이, 텃만꿍(새우 크로켓)이 인기다. 만약 해산물이 당기지 않으면 치킨, 카오팟삽빠롯(파인애플 볶음밥), 돼지 목살구이 등 다른 메뉴도 맛있는 편이니 걱정하지 않아도 된다.

🚶 찰롱 피어에서 차량 15분, 프롬텝 케이프에서 차량 5분
📍 52/2 Wised Rd, Rawai, Mueang Phuket District, Phuket
🕐 11:30~21:30 ❌ 목요일 🍴 태국식 굴 오믈렛 180바트, 카오팟삽빠롯 240바트, 오징어 튀김 220바트, 생선 요리 475바트 📞 +66 65 395 4253
🏠 facebook.com/salaloyseafood

취향따라 만드는 해산물 상차림 ⑥

묵마니 Mook Manee

라와이 시푸드 마켓(P.203)에서 해산물을 구입해서 가져가면 원하는 대로 조리해 주는 묵마니 시푸드 레스토랑. 시푸드 마켓에 있는 비슷한 콘셉트의 식당 중 규모도 크고 유명해 저녁 시간이 되면 인산인해를 이룬다. 우선 입구에서 구입해 온 해산물의 무게를 체크한 후, 테이블을 잡고 조리 방법을 선택하면 된다. 1킬로그램당 100바트 정도의 조리비가 부과되는데 찜, 버터구이, 갈릭 프라이, 볶음 등 웬만한 조리 방식은 모두 가능하다. 일반적인 태국 음식도 메뉴에 있으니 함께 주문해 먹으면 푸짐한 한 상이 완성된다. 계산 시 요금을 잘못 부과하는 경우도 있으니 구입한 시푸드 무게와 계산서를 꼼꼼히 체크해 보자.

🚶 찰롱 피어에서 차량 15분, 프롬텝 케이프에서 차량 7분
📍 9 22/9 4233, Rawai, Mueang Phuket District, Phuket
🕐 11:00~22:00 🍴 시푸드 조리비 100바트(1킬로그램)/75바트(500그램), 카오팟 120바트, 팟팍붕파이댕 120바트
📞 +66 81 719 4880

쿤파 Khun Pha

라와이 시푸드 마켓에서 묵마니와 양대 산맥을 이루는 쿤파. 이곳 역시 해산물을 구입해 가면 무게당 금액을 받고 조리해 준다. 해산물을 흥정해서 직접 구입하는 것이 어렵다면 메뉴판을 보고 골라도 괜찮다. 새우구이, 뿌팟퐁까리, 생선구이 등에 카오팟(볶음밥) 정도를 추가로 주문하면 실패 없는 해산물 만찬을 즐길 수 있다.

🚶 찰롱 피어에서 차량 15분, 프롬텝 케이프에서 차량 7분 📍 117 2 Rawai, Mueang Phuket District, Phuket 🕐 11:00~22:00 ฿ 카오팟 120바트, 생선 요리 350바트, 조개 볶음 200바트 📞 +66 95 926 2622

카오문까이 Khao Mun Kai

닭 육수로 밥을 짓고 고기를 곁들여낸 태국식 닭고기 덮밥, 카오만까이를 전문으로 하는 로컬 식당이다. 쌀밥 위에 삶은 닭이나 튀긴 닭을 무심하게 올려주는 게 끝이라 심플 그 자체다. 여기에 특제 소스를 뿌려 비벼 먹으면 되는데 소스 맛이 기가 막히다. 향신료 맛도 거의 없고 감칠맛이 살아 있어서 태국 음식에 취약한 사람도 편하게 먹을 수 있다. 국수 종류도 다양하며 전 메뉴가 50~60바트 정도라 부담 없이 한 끼를 해결할 수 있는 곳이다.

🚶 찰롱 피어에서 도보 15분 📍 43/3 Moo 8, Chalong, Mueang Phuket District, Phuket 🕐 06:00~16:00 ❌ 화요일 ฿ 카오만까이 50바트 📞 +66 64 915 9951

태국풍 소스가 곁들여진 일본 라멘 ······ ⑨

하나 라멘 라와이 Hana Ramen Rawai

제대로 된 하카타식 돈코츠 라멘을 먹을 수 있는 곳으로 구글 평점이 만점에 가까울 정도로 인정받는 맛집이다. 주문 시, 라멘의 매운맛을 조절할 수 있는데 이때, 태국풍 소스가 더해지기 때문에 라멘 고유의 맛을 느끼려면 100단계중 10~20 단계 사이가 적당하다. 시원한 아사히 생맥주와 함께 하면 더욱 기가 막힌다.

🏃 찰롱 피어에서 차량 8분 또는 도보 20분 ♥ 5, 61 Moo 5, Wiset Rd, Rawai, Mueang Phuket District, Phuket
🕐 11:30~21:45 ฿ 하카타 돈코츠 라멘 159바트
📞 +66 98 777 9970 🏠 facebook.com/people/Hana-caferamen/100057187880582

정통 화덕 피자와 파스타 ······ ⑩

코사 노스트라 푸껫 Cosa Nostra Phuket

찰롱 피어 주변으로 스쿠버 다이빙 등 해양 액티비티 전문 업체가 모여 있고, 그만큼 외국인 체류 비율이 높아 이탈리안 등 양식 전문 식당이 꽤 많다. 그중 가성비가 좋은 곳이 코사 노스트라 푸껫. 화덕 피자와 파스타를 전문으로 하고 있는데 대부분의 메뉴가 200~300바트로 합리적이다. 한국 스쿠버 다이빙 업체인 토닉탱크(P.042)와 매우 가까워 다이빙 후 피맥하기 딱!

🏃 찰롱 피어에서 도보 12분 ♥ Patak Villa Soi1, Rawai, Mueang Phuket District, Phuket 🕐 11:00~23:00 ฿ 포시즌 피자 280바트 (라지), 마르게리타 320바트(라지), 펜네 크림 파스타 220바트
📞 +66 76 281 382 🏠 cosanostradelivery.com

한국식 바비큐 전문점 ······ ⑪

미스터 궁 Mr.Gung

애매한 위치지만, 사람들이 일부러 찾아가는 한국식 바비큐 전문점. 1인 330바트에 삼겹살, 목살, 돼지갈비 등 다양한 고기를 무한 리필해준다. 떡볶이, 김치찌개 같은 대표 한식도 자유롭게 가져다 먹을 수 있어 가성비로는 푸껫 최고가 아닐까 싶다. 하지만 에어컨이 없어 무더위와 숯불의 열기는 감안해야 한다.

🏃 찰롱 피어에서 차량 10분 ♥ Thanon Chao Fah Tawan Ok, Chalong, Mueang Phuket District, Phuket 🕐 16:00~23:00
฿ 고기 뷔페 어른 330바트, 어린이(키 100cm 미만) 100바트
📞 +66 84 445 2778 🏠 facebook.com/mrgungphuket

헤븐 레스토랑 & 바
Heaven Restaurant & Bar

헤븐은 호텔과 레스토랑, 바를 함께 운영하는 곳으로 까론 뷰포인트와 매우 가깝다. 차량으로 1분이면 갈 수 있으니 함께 들러도 좋다. 오픈형 덱으로 되어 있으며 까론 뷰포인트의 전망과 비슷하게 까따, 까론 비치 등 주변 지역을 한눈에 담을 수 있다. 음식 메뉴도 다양하고 준수하니 칵테일이나 음료 한잔과 함께하며 여유 있게 전망을 즐기는 것을 추천한다. 날씨가 좋은 날엔 환상적인 일몰도 만날 수 있는데, 시간을 미리 확인해 1시간 전쯤에 도착하면 딱이다.

🚶 찰롱 피어에서 차량 18분, 까론 뷰포인트에서 차량 1분
📍 6 Soi Leammumnai, Karon, Mueang Phuket District, Phuket 🕐 15:00~22:30 ฿ 칵테일 250바트, 피시 앤 칩스 320바트 📞 +66 93 140 0113 🏠 facebook.com/Heaven. Restaurant.n.Bar

라가 푸껫 Raga Phuket

찰롱에서 라와이 가는 길에 위치한 녹음 가득한 카페로 현지인에게도 상당히 인기가 많다. 카페 바깥에 정원이 있는데 트로피컬한 식물과 연못, 작은 폭포 등 자연물로 조경해 숲속 한가운데 들어온 것 같다. 실내 공간은 깔끔하고 트렌디한 분위기에 테이블도 많은 편이다. 커피 외에도 말차, 생과일주스 등의 음료 메뉴가 있으며 크루아상, 케이크 같은 베이커리도 꽤 다양하게 준비되어 있다. 에그 베네딕트, 샐러드 등의 음식도 있어서 브런치를 즐기러 가는 것도 추천! 주차장도 넓어서 렌터카로 방문하기도 더없이 편하다.

🚶 찰롱 피어에서 차량 6분, 도보 20분
📍 5/1 Wiset Rd, Rawai, Mueang Phuket District, Phuket 🕐 08:00~18:00
฿ 아메리카노 75바트, 플랫 화이트 75바트, 크루아상 75바트, 에그 베네딕트 295바트
📞 +66 95 456 7891
🏠 instagram.com/raga.coffee

자연주의 샐러드 바 ······ ②
위 카페 We Cafe

위 카페를 두 단어로 설명하면 '신선'과 '건강.' 카페 옆 온실에서 직접 재배하는 채소를 이용해 샐러드를 만드는데 코코넛 껍질 등을 비료로 사용해 친환경적이다. 카페 전체가 목재로 꾸며져 있고 곳곳에 식물이 많아 추구하는 음식 철학과도 잘 어울린다. 기본 샐러드에 원하는 토핑과 소스를 선택해 나만의 샐러드를 만들 수 있으며 샌드위치도 빵, 토핑, 소스를 직접 골라 주문 가능하다. 찰롱 피어에서 푸껫 타운으로 가는 길의 차오파점이 여행자가 방문하기 편하다.

차오파점 🚶 찰롱 피어에서 차량 15분
📍 5 30 Moo 3, Chao Fah Tawan Tok Rd, Chalong, Mueang Phuket District, Phuket ⏰ 10:00~21:30 ฿ 그릴드 쉬림프 아보카도 샐러드 285바트, 클럽 샌드위치 175바트, 피자 220바트, 아이스 아메리카노 75바트 📞 +66 88 752 1352
🏠 facebook.com/WeCafephuket

탁 트인 전망의 산중 카페 ······ ③
뷰 카페 앳 푸껫 View cafe at Phuket

푸껫 남부의 산악 지대는 여행자가 갈 만한 관광지가 많은 편은 아니지만 전망대나 괜찮은 카페, 레스토랑이 있어 렌터카로 여행하는 중이라면 한 바퀴 둘러볼만하다. 뷰 카페 앳 푸껫은 찰롱, 푸껫 타운을 한눈에 내려다볼 수 있는 카페로 드라이브 도중 시원한 커피나 음료를 마시며 쉬어가기 좋다. 탁 트인 배경과 함께 인생 사진을 남길 수 있고 밤엔 멋진 야경까지 만날 수 있다. 커피 외에 알록달록하고 달콤한 음료도 많다.

🚶 찰롱 피어에서 차량 20분, 왓 찰롱에서 차량 13분 📍 56/10 Moo 5, Ban Khao Rd, Chalong, Mueang Phuket District, Phuket ⏰ 10:00~20:00 ฿ 바닐라 라테 85바트, 마담 바이올렛 라테 115바트
📞 +66 81 451 4545
🏠 phuketviewcoffeeandresort.com

믿고 가는 마사지 숍 ······ ①
킴스 마사지 Kim's Massage

푸껫 타운에만 8개의 지점을 두고 있는 킴스 마사지의 라와이 해변 지점. 해변을 따라 들어선 로컬 마사지 숍이 몇개 있지만 그중에서도 규모가 크고 깔끔한 시설이라 멀리서도 눈에 확 들어온다. 합리적인 가격에 질 좋은 서비스를 받을 수 있는 체인이라 언제든 믿고 갈 만하다. 타이 마사지, 풋 마사지는 1시간에 300바트로 가격도 부담 없다. 1층 발 마사지 전용 공간에서는 창밖으로 라와이 비치도 볼 수 있으니 시원한 에어컨 바람을 쐬며 마사지 타임을 만끽하자.

라와이 비치점 🚶 찰롱 피어에서 차량 11분, 프롬텝 케이프에서 차량 6분 📍 50/5-6 Wised Rd, Rawai, Mueang Phuket District, Phuket 🕐 11:00~21:00 ฿ 타이 마사지 300바트 (1시간), 풋 & 핸드 마사지 300바트(1시간), 오일 마사지 550바트 (1시간) 📞 +66 86 266 7227 🏠 kimsmassagespa.com

싱그러운 정원에서 시원한 마사지 ······ ②
파가마스트 마사지 Phagamast Massage

파가마스트 마사지는 라와이 비치, 라와이 시내에 한 곳씩 총 두 곳의 지점을 라와이에 두고 있다. 둘 중 접근성이 더 좋은 곳은 라와이 비치점. 라와이 시푸드 마켓에서 비치 방향, 초입에 있다. 밖에서 보면 많은 식물과 유명 티 브랜드 TWG 로고가 있어서 카페라고 오해할 수도 있지만 이것이 파가마스트만의 콘셉트다. 입구부터 싱그러운 정원처럼 꾸며져 있고 계속 들어가면 차를 마실 수 있는 공간이 나온다. 더 안쪽으로 연결된 마사지 룸도 비슷한 분위기로 마치 숲속에서 마사지를 받는 듯한 느낌이 든다.

라와이 비치점 🚶 찰롱 피어에서 차량 11분, 프롬텝 케이프에서 차량 6분 📍 52, 37 Wiset Rd, Rawai, Mueang Phuket District, Phuket 🕐 10:00~23:00 ฿ 타이 마사지 300바트(1시간), 풋 마사지 300바트(1시간), 오일 마사지 400바트(1시간), 젤 네일 600바트 📞 +66 76 613 609 🏠 facebook.com/phagamast.rawaibeach

조용하고 한적한 고급 휴양지

푸껫 북부
NORTH PHUKET

#한적한 해변 #오롯한휴양 #방타오비치 #라구나
#리조트단지 #까말라비치 #마이카오비치 #공항

아는 사람은 여기로만 간다는 푸껫 북부. 방타오, 수린 등
개성과 매력이 넘치는 해변들과 라구나를 중심으로 모여 있는
리조트 단지, 가까운 공항 등 푸껫 북부에는 휴양지로서
장점이 너무나 많아 한 번 발을 들인 사람은 꼭 다시 찾게 된다.
만약 아무에게도 방해 받지 않고 온전한 휴식을 보장받고 싶다면
푸껫 전체를 통틀어도 푸껫 북부만한 지역이 없다.

푸껫 북부
상세 지도

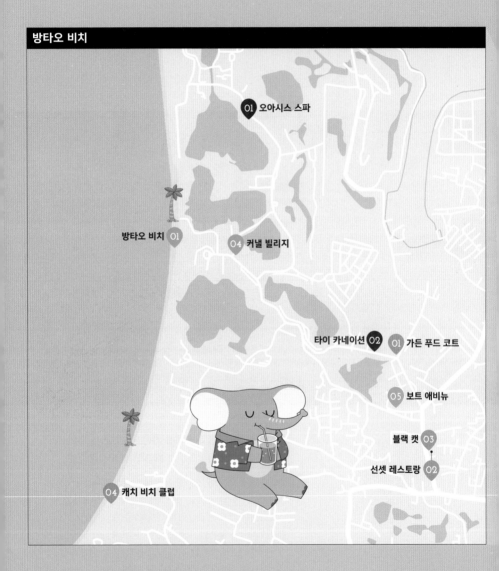

방타오 비치

01 오아시스 스파

방타오 비치 01

04 커낼 빌리지

타이 카네이션 02 01 가든 푸드 코트

05 보트 애비뉴

블랙 캣 03

선셋 레스토랑 02

04 캐치 비치 클럽

1004

402

3034

03 마이카오 비치

4031

푸껫 국제공항

• 시리낫 국립 공원

402   4027

4007

3029

• 나이톤 비치

4007

• 바나나 비치

4018

6014

4027

푸껫 코끼리 보호소 •

05 마두부아 푸껫

4024

402

3032

4027   4003

4030

02 수린 비치

🚶 SIGHTSEEING   🍴 EATING   🥣 MASSAGE

북부 휴양의 중심지 ······· ①

방타오 비치 Bangtao Beach

푸껫 북부를 대표하는 방타오 비치는 약 6킬로미터에 달하며, 기나긴 해변을 따라 리조트와 음식점, 비치 클럽이 늘어서 있다. 해변에서 멀지 않은 내륙에 큰 라구나(석호) 몇 개가 있는데 주변으로 대형 리조트들이 자리해 '라구나 단지'를 이룬다. 바닷가에서는 물놀이에 푹 빠지거나 제트스키 등 해양 액티비티를 즐길 수 있고, 승마 같은 이색 체험도 준비되어 있다. 한적한 해변이라 가족 여행자에게 특히 인기가 많은 고급 휴양지로 온전하게 가족들만의 시간을 보낼 수 있다. 해변 주변에 커낼 빌리지, 보트 애비뉴 등의 상가를 중심으로 음식점과 상점이 자리하지만 빠똥 이남 지역처럼 번화한 분위기는 아니다.

🏃 푸껫 국제공항에서 차량 30분, 커낼 빌리지에서 도보 6분 📍 153, 26 Soi Cherngtalay 1, Choeng Thale, Thalang District, Phuket

더없이 한적한 해변 ······ ②

수린 비치 Surin Beach

수린 비치는 약 1킬로미터 길이의 아담한 해변이지만 바다의 색이 예쁘고 해변의 모래가 고와 해수욕을 즐기기에 더없이 좋다. 해변의 북쪽과 남쪽 끝 바위 주변은 인기 스노클링 스폿으로 주변에 장비를 대여해 주는 곳이 있어 바닷속 구경도 나설 수 있다. 모래사장을 따라 알록달록한 선베드가 자리하고 해변가에는 노점상이 줄지어 들어서는데 식당, 물놀이 용품 판매점, 야외 마사지 숍 등 없는 것 빼고 다 있을 정도라 해변에서만 오롯이 시간 보내기 좋다. 해변의 아름답고 여유로운 정취 때문에 수린 비치를 전망으로 하는 언덕 위에는 고급 리조트나 고급 별장이 많다.

🚶 푸껫 국제공항에서 차량 40분, 커낼 빌리지에서 차량 20분 ♀ X7FH+WFR, Soi Hat Surin 8, Choeng Thale, Thalang District, Phuket

비행기와 함께 인생샷 ····· ③

마이카오 비치 Mai Khao Beach

푸껫에서 가장 북쪽에 위치한 마이카오 비치는 푸껫 공항과 가깝고 유일하게 공항보다 북쪽에 있는 해변이기도 하다. 11월부터 2월까지 건기에는 바다 거북이가 알을 낳기 위해 백사장 위로 올라오는 것으로 유명하다. 하지만 그보다 더 유명해진 이유는 푸껫 공항으로 착륙하는 비행기를 매우 가깝게 볼 수 있기 때문. 타이밍을 잘 맞춘다면 푸껫 바다를 배경으로 머리 위에 뜬 항공기와 함께 인생 사진도 남길 수 있다. 다른 볼거리는 크게 없으나 여행 시작이나 끝에 들러 푸껫의 여운을 이색적인 사진과 함께 남겨 보자.

🚶 푸껫 국제공항에서 차량 15분, 커낼 빌리지에서 차량 35분 📍48G2+FF Mai Khao, Thalang District, Phuket

짐 톰슨 매장이 있는 곳 ······ ④
커낼 빌리지 Canal Village

라구나 단지 내에 묵는 숙박객을 위해 만들어진 커낼 빌리지는 다채로운 상점이 모여 있는 아웃렛 형태의 쇼핑센터다. 주변의 리조트들이 공동으로 운영하는 셔틀버스와 보트가 있어서 비교적 쉽게 오갈 수 있다. 하지만 짐 톰슨 아웃렛과 일반 매장, 편의점을 제외하고는 방문할 만한 곳이 많지 않다. 보트 애비뉴나 리조트 밖의 식당에 가면서 다녀오는 정도면 충분하다.

🚶 방타오 비치에서 도보 6분 📍 272W+P95, Choeng Thale, Thalang District, Phuket
🏠 lagunaphuket.com

푸껫 북부 최대 쇼핑 단지 ······ ⑤
보트 애비뉴 Boat Avenue

라구나 단지 입구에 위치한 보트 애비뉴는 방타오 지역 최대의 대형 쇼핑 단지다. 수십 개의 세련된 부티크와 레스토랑, 빌라 마켓과 같은 대형 마트 등이 두루두루 입점해 있다. 빌라 마켓 옆에는 작은 상점이 모여 있는 애비뉴 몰이 있는데 버거킹, 커피 클럽, 브레드 토크와 같은 다양한 체인 브랜드와 개성 넘치는 컨테이너 상점들이 자리한다. 또한 멕시칸, 프렌치 등 인기 세계 음식을 전문으로 하는 레스토랑과 분위기 좋은 펍, 와인바도 모여 있어 쇼핑과 맛집 투어를 함께 즐길 수 있다.

🚶 커낼 빌리지에서 차량 5분 📍 49/14 Bandon-Cherngtalay Rd, Choeng Thale, Thalang District, Phuket
🕐 09:00~19:00 📞 +66 89 724 2729
🏠 boatavenuephuket.com

고급지고 깔끔한 푸드 코트 ······· ①
가든 푸드 코트 Garden Food Court

라구나 단지 입구에 위치한 가든 푸드 코트는 전문 레스토랑으로 구성되어 있다. 푸드 코트란 이름처럼 가게 이름이 메뉴 특색에 맞춰 플레임, 스시 바, 베이크 등으로 간단한 것이 포인트. 반대로 푸드 코트하면 드는 인상과 달리 매장이 굉장히 깔끔하고 고급스러운 것도 매력적이다. 특히 유럽 파티시에가 직접 만드는 건강한 빵과 디저트를 판매하는 베이커리, 베이크에는 한번 방문해 보길 권한다. 매장마다 운영 시간이 조금씩 다르고 가격대는 조금 비싼 편이다. 원래 더 많은 매장이 있었지만 코로나19로 인해 폐업한 점포가 꽤 있으니 참고하자.

🚶 커널 빌리지에서 차량 3분, 도보 17분 📍 58 Lagoon Rd, Choeng Thale, Thalang District, Phuket 🕐 12:00~23:00
฿ 베이크 잉글리시 브렉퍼스트 490바트, 클럽 샌드위치 320바트, 아메리카노 90바트
플레임 앵거스 토마호크 2,900바트~(1kg), 포크 립 바비큐 380바트 (하프 사이즈), 치즈 버거 390바트 📞 +66 76 271 017
🏠 베이크 bakephuket.com
플레임 flamerestaurantphuket.com

북부 식당 중 가성비 최고 ······· ②
선셋 레스토랑 Sunset Restaurnat

보트 애비뉴에서 멀지 않은 곳에 가성비 좋기로 유명한 선셋 레스토랑이 있다. 다른 지역에 비해 갈 만한 음식점이 많지 않아서인지 일부러 택시를 타고 찾아오는 사람이 꽤 눈에 띈다. 픽업 서비스를 제공하는 주변의 마사지 숍에 갈 때 함께 방문하는 것이 가장 좋다. 평범한 인테리어의 로컬 음식점이지만 전체적으로 깔끔하게 관리되고 있다. 태국 음식부터 무난한 양식까지 메뉴가 다양하며 웬만한 태국 음식은 200바트 이하로 가격대도 전체적으로 저렴하다. 음식 맛도 좋아 가성비뿐 아니라 여행자의 가심비까지 사로잡는다.

🚶 커널 빌리지에서 차량 6분
📍 100 Bandon-Cherngtalay Rd, Choeng Thale, Thalang District, Phuket
🕐 11:30~23:00 ฿ 똠얌꿍 389바트(2인), 카오팟삽빠롯 220바트, 팟타이 120바트
📞 +66 99 953 5422
🏠 facebook.com/profile. php?id=100057395381940

세련된 식사가 하고 싶다면 ······ ③

블랙 캣 Black Cat

나란히 위치한 선셋 레스토랑과 블랙 캣은 방타오 지역 맛집 중 한국인에게 가장 인기가 많은 곳이다. 블랙 캣은 코로나19 기간 동안 리노베이션을 거치고 테이블 웨어도 싹 바꿔 좀 더 세련된 느낌을 더했다. 태국 음식뿐 아니라 각종 세계 음식이 모여 있어 취향에 맞게 식사할 수 있는 것이 큰 인기 요인. 12시부터 5시까지 좀 더 합리적인 가격으로 스페셜 런치를 즐길 수 있고 금요일과 주말에는 무제한 타파스 같은 이벤트나, 부야베스, 오리 콩피 등 프랑스 음식을 선보이는 프로모션도 진행한다.

🚶 커낼 빌리지에서 차량 6분, 선셋 레스토랑 옆
📍 104 Bandon-Cherngtalay Rd, Choeng Thale, Thalang District, Phuket 🕐 11:30~23:00, 일요일 17:00~23:00
💲 타이 심플 디시 100바트 내외, 파스타 110바트, 부야베스 455바트 📞 +66 76 271 180
🏠 blackcatphuket.com

가장 고급스러운 비치 클럽 ······ ④

캐치 비치 클럽 Catch Beach Club

수린 비치에서 명성이 자자했던 캐치 비치 클럽은 방타오 비치 남부로 옮긴 후에도 꾸준히 인기를 이어가고 있다. 인피니티 풀, 야외 레스토랑 및 2개의 바로 이루어져 있으며 수영장에는 카바나와 선베드가 비치되어 있다. 태국 음식과 피자, 스시, BBQ 등 다양한 음식을 선보이며 칵테일과 와인 리스트도 충실하다. 밤이 되면 화려한 조명과 함께 DJ 공연이 시작되고 파티 분위기가 무르익는다. 이런 분위기가 조금 어색하다면, 일몰 무렵에 방문해 아름다운 노을을 감상하며 식사하거나 칵테일을 마셔도 괜찮다.

🚶 커낼 빌리지에서 차량 15분 📍 202/88, Choeng Thale, Thalang District, Phuket 🕐 일~목요일 11:00~24:00, 금~토요일 11:00~02:00 💲 시푸드 플레이트 3900바트 (랍스터 포함), 페페로니 피자 550바트, 팟타이 꿍 490바트 📞 +66 65 348 2017
🏠 catchbeachclub.com

마두부아 푸껫 Ma Doo Bua Phuket

마두부아는 최근 태국 SNS에서 가장 핫한 카페 중 하나로 특히 푸껫 현지 젊은이에게 큰 사랑을 받고 있다. 라구나 리조트 단지에서 내륙으로 4킬로미터가량 떨어져 있고 주변에 다른 관광지가 없는데도 불구하고 부러 찾아오는 사람이 많다. 태국 전통 양식의 건축물 내부로 들어가면 직사각형의 연못이 나오는데, 동그란 연잎이 연못을 가득 메운 동화 같은 풍경을 볼 수 있다. 건기에는 연잎이 사람 무게를 견딜 정도로 매우 단단해지는데 이때, 요금을 지불하면 드론 서비스를 제공해 주어 연잎 위에 서거나 누워 특별한 사진을 찍을 수 있다. 호수 중앙으로 뻗은 나무 덱 위에는 인생 사진을 찍으려는 사람들로 늘 북적인다. 음식과 음료도 카페 분위기에 걸맞게 세팅되어 나오니 어느 하나 놓치지 말고 사진을 열심히 챙겨 가자.

🚶 커낼 빌리지에서 차량 11분 📍 310/51 Moo 1, Bandon-Cherngtalay Rd, Thalang District, Phuket 🕐 09:00~21:00
฿ 팟타이꿍 195바트, 시그니처 연근 튀김 220바트, 과일 주스 120~140바트 📞 +66 95 936 6539
🏠 facebook.com/Maadoobua.Phuket

고급스러운 스파 체인 ······ ①
오아시스 스파 Oasis Spa

태국 최대 스파 체인 오아시스에서 방타오 비치 주변에도 지점을 운영한다. 그중 가장 쉽게 갈 수 있는 오아시스 스파는 라구나 단지의 트로피컬 리트릿 지점. 석호와 정원을 함께 감상할 수 있는 프라이빗 스파에서 완벽하게 몸과 마음을 치유할 수 있는 곳이다. 일반적인 타이 마사지, 풋 마사지 등도 가능하지만 여기서는 아로마 오일 마사지나 허브 볼, 핫 스톤 등을 이용한 특별한 스파 패키지를 체험해 보는 것도 괜찮다. 단지 내 리조트에서 도보로 이동 가능하고, 도보 이동이 어렵다면, 무료 왕복 셔틀 서비스도 제공하니 걱정 없이 찾아가 보자.

트로피컬 리트릿점 🏃 커널 빌리지에서 차량 3분, 도보 13분 📍 29 Moo 4, Srisoonthorn Rd, Choeng Thale, Thalang District, Phuket ⏰ 11:00~22:00 💲 아로마 테라피 핫 오일 마사지 1350바트(1시간), 타이 마사지 1700바트(2시간) 📞 +66 76 337 777 🏠 oasisspa.net

입소문 제대로 난 로컬 마사지 숍 ······ ②
타이 카네이션 Thai Carnation

라구나 단지 내 리조트들은 대부분 전용 스파를 운영하고 있지만 아무래도 가격대가 높은 편이라 조금 부담될 수 있다. 그럴 때 방문하면 좋은 곳이 로컬 마사지 숍 타이 카네이션. 주변 스파에 비해 시설이 좋은 편은 아니지만 깔끔하게 잘 관리되어 있고 타이 마사지, 아로마 마사지 모두 1시간에 500바트로 가격대도 합리적이다. 덕분에 이 일대에서 묵는 한국인의 발걸음이 끊이질 않는다. 전화 예약 시 요청하면 픽업 서비스도 제공한다.

🏃 커널 빌리지에서 차량 3분, 도보 13분 📍 37 Lagoon Rd, Choeng Thale, Thalang District, Phuket ⏰ 11:00~22:00 💲 타이 마사지, 아로마 마사지 500~750바트 (1시간~1시간 30분) 📞 +66 76 325 565

PART 4

진짜
끄라비,
피피를
만나는 시간

사랑할 수밖에 없는 휴양지

끄라비 KRABI

#아시아의진주 #옥빛바다 #기암괴석 #해안절벽
#맹그로브 #천연온천 #라일레이 #아오낭 #에메랄드풀
#클라이밍 #스피드보트

아시아의 진주로 불리는 태국 남부의 대표 휴양지 끄라비.
130여 개의 크고 작은 섬이 있으며 대부분 국립 공원,
해양 보존 구역으로 지정되어 있어 청정한 대자연을 만날 수 있다.
깎아지른 아찔한 해안 절벽, 석회 촛농이 흐르는 것 같은 기암괴석이
옥빛 바다 위를 수놓는다. 매일 저녁 해변에서 만나는
환상적인 석양은 끄라비를 사랑하지 않을 수 없게 만든다.

알아두면 좋은
끄라비 여행 정보

❶ 끄라비 여행의 중심은 크게 아오낭, 라일레이, 끄라비 타운 일대로 나눌 수 있다. 여행자를 위한 편의시설이 모여 있고, 각종 투어를 다니기 편한 지역은 아오낭이라 이 일대에 숙소를 잡는 것이 좋고, 조금 특별한 여행을 생각한다면 주변 섬이나 라일레이에 숙소를 잡는 것도 좋다. 어느 곳이든 좋은 시설과 멋진 전망을 갖추었다.

❷ 라일레이의 경우 지도상으로 아오낭에서 멀지 않지만 제대로된 육로가 없어 바닷길을 이용하는 것이 좋다. 롱테일 보트를 기준으로 아오낭 비치에서 출발하면 약 15분 정도 걸린다. 아오낭 비치보다 더 분위기 좋은 해수욕장이 있고 일몰 명소로 유명해 오롯한 휴양을 원한다면 라일레이에서의 숙박도 좋은 방법이다.

❸ 아오낭 비치와 라일레이 비치 사이는 롱테일 보트로 오갈 수 있다. '아오낭 롱테일 보트 서비스 클럽'에서 표를 팔고 요금은 편도 100바트. 왕복으로 구입해도 추가 할인은 없으니 돌아오는 티켓은 현장에서 구입해도 된다. 오전 8시에서 오후 6시까지 운행하는데 탑승객 8인이 모이면 그때그때 출발하는 시스템이다. 타고 내릴 때 바다에 발을 담가야 하니 슬리퍼나 샌들을 신고 짧은 하의를 입는 게 좋다. 짐칸이 있어 짐도 실을 수 있다.

❹ 끄라비도 푸껫처럼 대중교통은 열악한 편. 숙소가 아오낭 시내라면 걸어 다닐 수 있지만, 끄라비 타운이나 외곽으로 가려면 택시, 송태우, 툭툭을 이용해야 한다. 그랩 택시가 있긴 하지만 운행 차량이 많지 않아 다른 교통수단을 이용하는 것이 좋다. 버스, 송태우의 경우 정류장에서 탑승해도 되고, 지나가는 걸 잡아타도 괜찮다. 가격도 50~150바트 정도로 저렴하다. 짧은 거리를 이동한다면 오토바이를 개조한 툭툭을 이용하면 된다. 택시와 툭툭의 경우 탑승 전 목적지와 요금을 확인하고 타야 한다. 흥정도 필수!

❺ 끄라비는 지역적으로 말레이시아와 인접해 있어 여러모로 많은 영향을 받았다. 특히 주민의 50%가 무슬림이라는, 태국에서 보기 드문 종교 분포를 갖고 있다. 히잡을 쓴 사람이 유독 많이 보이는 것도 그 이유. 그럼에도 불교와 이슬람교 간의 마찰 없이 평화롭게 공존하며 살아가는 것이 굉장히 독특하다. 향신료를 많이 사용하고 매운 걸 즐겨 먹는 말레이반도의 음식 문화도 닮아 음식에서 좀 더 맵고 이국적인 향이 느껴진다. 그중 끄라비 스타일의 옐로우 커리, 로띠를 특히 추천한다.

끄라비
가는 법

한국에서 끄라비로 가는 직항편이 없기 때문에 방콕이나 푸껫 등을 거쳐서 가야한다. 방콕에서 끄라비까지 국내 항공 노선을 이용하면 1시간 반가량 소요되며 푸껫에서 끄라비는 직항편을 운행하지 않아 비행기가 아닌 다른 방법으로 이동해야 한다.

스피드보트, 페리

티켓 예매 사이트

안다만 페리 서비스
andamanferryservice.com

푸껫 페리 닷컴
phuketferry.com

피피 페리 티켓츠
phiphiferrytickets.com

푸껫과 끄라비 사이를 오갈 때 가장 많이 이용하는 교통수단으로 각각 장단점이 있다. 스피드보트의 경우 빠른 속도로 이동하기 때문에 1시간 반 이내에 갈 수 있지만 배가 작고 출렁거림이 강하게 느껴져 멀미가 심할 수 있다. 페리는 2~3시간가량 소요되며 좀 더 안정적으로 이동이 가능하나 코로나 이후 배편이 많이 줄었다. 푸껫, 끄라비 두 곳 모두 대중교통이 좋지 않고 비싼 편이라 픽업 서비스가 포함된 상품을 이용하는 게 좋으며 여행 플랫폼이나 현지 여행사를 통해 예약할 수 있다. 현지 여행사에서 직접 흥정하며 예약하는 것이 더 저렴할 수 있으니 발품을 팔며 돌아다녀 보는 것도 좋다.

	소요시간	요금	운행횟수
스피드보트	1시간~ 1시간 30분	1200바트	요일, 업체에 따라 상이
페리	2~3시간	700~1600바트	* 코로나 이후, 페리 운행횟수가 많이 줄었음

◆ 운행횟수, 시간, 요금은 변동 가능성 높으니 확인 필요

버스

티켓 예매 사이트

12GO 12go.co

푸껫 버스터미널은 두 곳이 있는데 관광객이 이용하기엔 푸껫 타운에 위치한 터미널 1이 좀 더 접근성이 좋다. 끄라비로 가는 버스는 대부분 9~13인승의 밴 또는 미니버스를 이용해 운행한다. 첫차는 6:40, 막차는 18:00에 출발하는데, 배차 간격은 대략 40분 정도라 다양한 시간대에 출발할 수 있다. 요금은 200바트 초반이고 시간은 3시간 반~4시간 정도 걸린다. 버스를 이용할 경우엔 푸껫, 끄라비 터미널에서 숙소로 오가는 교통편까지 고려해 계획을 짜는 게 좋다.

미니버스

픽업 서비스가 포함되어 있어 편리하지만, 예약자 여럿을 모아 함께 이동하는 방식이라 상황에 따라 소요 시간이 달라진다. 최소 3~4시간은 걸린다고 생각해야 한다. 현지 여행사에서 예약할 수 있고 여행사마다 가격이 조금 다르니 여행사 몇 군데의 요금, 시간, 차량 등을 비교해 보고 예약하길 추천한다. 가격은 출발지, 목적지, 여행사에 따라 천차만별이지만 대략 700~1,000바트 사이이다.

프라이빗 카

서비스 예약 사이트

클룩 klook.com
케이케이데이 kkday.com

일행끼리 편하게 이동을 하고 싶다면 프라이빗 카를 이용해도 좋다. 인원수, 짐 개수에 따라 차량 타입을 선택할 수 있으며 클룩, 케이케이데이 등의 여행 관련 앱을 통해 보다 편하게 예약이 가능하다. 금액은 출발, 도착지에 따라 다르며 한국 예약 기준 가격은 10만원 내외다. 소요 시간은 미니버스와 비슷하게 최소 3시간 정도를 생각하는 것이 좋다.

끄라비
상세 지도

• 홍섬

아오낭

고댕 국수 **06**

라다롬 스파 **02**

리브 비치 클럽 **03** **01** 안코아 홈메이드
아이스크림

04 탄두리 나이츠 레스토랑

01 렛츠 릴렉스

크레이지 그링고스 **05**
텍스 멕스

02 패밀리
타이 푸드 & 시푸드

부기 바 **04**

01 타이 미 업 팡

아오낭 비치 **01**

**센타라 아오낭 비치

01 더 라스트 피셔맨 바

02 샌드 비치 클럽

02 몽키 트레일

**센타라 그랜드 비치 리조트 앤 빌라

4033

05 왓탐수아

4

4

4034

4200

• 꼴로비 누들

4034

411

4204

4204

03 꼬담 키친

03 라일레이 비치
04 프라낭 케이브 비치

끄라비 핫 스프링스 06
에메랄드 풀 07
블루 풀 07

🚶 SIGHTSEEING   🍴 EATING   🍸 NIGHTLIFE   🥣 MASSAGE   🛏 SLEEPING

아오낭 비치 Ao nang Beach

푸껫에 빠똥 비치(P.112)가 있다면, 끄라비엔 아오낭 비치가 있다. 끄라비를 대표하는 해변으로 물이 맑거나 고운 모래사장이 있는 곳은 아니지만 기암괴석이 해변을 병풍처럼 둘러싸고 있어 마치 동양의 산수화 한가운데를 노니는 듯하다. 라일레이 해변으로 가는 롱테일 보트가 이곳에서 출발하고 1킬로미터 남짓하는 해변가를 따라 상점, 음식점 등의 편의 시설이 자리해 여행자가 자연스럽게 모여든다. 일몰이 유명한 곳이라 해 질 녘에 시간 맞춰 방문하면 더욱 아름다운 바다를 볼 수 있고, 밤에는 곳곳에서 크고 작게 진행되는 공연이나 행사를 감상하며 여유있고 즐거운 저녁을 보낼 수 있다.

🚶 찰롱 피어에서 스피드보트 1시간 30분, 푸껫 버스 터미널에서 차량 3시간
📍 119 Ao Nang, Mueang Krabi District, Krabi

원숭이의 놀이터 ...... ②

몽키 트레일 Monkey Trail

아오낭 비치의 남쪽 끝자락에는 숲속으로 이어지는 나무 덱이 있다. 덱 주위로 원숭이들의 서식지가 있어 붙은 이름이 바로 몽키 트레일. 몽키 트레일은 센타라 그랜드 비치 리조트까지 이어져 있는데, 이 리조트는 차량이 다닐 수 없어 몽키 트레일이 유일한 육상 통행로이자 산책로다. 도보 10~15분 거리로 별로 길지 않고, 경사가 있는 곳도 있지만 그리 힘들지 않기 때문에 부담 없이 방문해 보자. 여기저기서 불쑥 나타나는 원숭이를 가까이서 만나며 끄라비 숲의 시원한 공기를 마실 수 있다. 귀여운 외모와는 달리 일부 원숭이는 가방이나 소지품을 채 갈 수 있으니 주의를 기울이고, 먹이를 주지 않는 게 좋다.

🚶 아오낭 롱테일 보트 서비스 클럽에서 도보 10분, 라일레이 방향
📍 2RFH+X45, Ao Nang, Mueang Krabi District, Krabi

절벽과 바다로 둘러싸인 절경 ⋯⋯ ③

라일레이 비치 Railay Beach

라일레이와 아오낭 사이에는 육로가 없어 바닷길로만 닿을 수 있다. 그래서 끄라비와 푸껫의 수많은 해변 중에서도 유난히 비밀스럽게 느껴진다. 아오낭 비치에서 롱테일 보트를 타고 15분가량 가면 기암절벽으로 둘러싸인 고운 물빛의 해변이 펼쳐지는데, 영화에 자주 등장하던 상상 속의 낙원이 바로 이곳인 것만 같다. 해수욕을 하거나 모래사장에 누워 시간을 보낼 수 있고, 카약, 패들 보트를 타며 휴양지의 설렘도 제대로 느낄 수 있다. 해변 안쪽으로 소담하게 리조트 등의 숙박 시설이 있어 하룻밤을 보내는 것도 좋다. 일몰이 아름답기로 유명하지만 배가 오후 6시면 끊겨 라일레이에서 밤을 보내야 멋진 해넘이를 만날 수 있다.

🚶 아오낭 롱테일 보트 서비스 클럽에서 롱테일 보트로 15분 📍 2R7P+7RP, Ao Nang, Mueang Krabi District, Krabi

프라낭 케이브 비치 Phra Nang Cave Beach

라일레이 비치 안쪽으로 난 길로 15분 정도 걸어 들어가면 웅장하면서도 기괴한 모습의 동굴이 나타난다. 걸어서 들어갈 수 있는 구간도 있지만 왠지 좀 으스스해 접근하기 어렵다. 동굴을 따라 쭉 들어가면 또 다른 세상이 열리는데, 그곳이 바로 프라낭 비치! 꽁꽁 숨겨진 태고의 자연이 감탄이 절로 나오는 풍광을 눈부시게 뽐낸다. 시원하게 깎아지른 석회암 절벽은 세계적으로 유명한 암벽등반 명소로, 등반하는 모습을 구경하는 아찔한 재미가 있다. 그 앞의 소박하고 아름다운 해변에서는 절경을 마음껏 즐기며 유유자적한 시간을 보내기 좋다. 카약을 타며 바다 위에서 대자연을 만끽하면 어느새 끄라비와 사랑에 빠져 있을 것이다.

🚶 라일레이 비치에서 도보 15분, 표지판 따라 이동 📍 2R4Q+C5V, Stadt, Ao Nang, Mueang Krabi District, Krabi

경건한 호랑이 사원 ······ ⑤
왓탐수아 Wat Tham Suea

태국 이름은 왓탐수아지만 흔히 호랑이 사원(Tiger Cave Temple)으로 불린다. 이름처럼 많은 동굴이 있는 사원으로 깊은 정글에 위치해 1260개의 계단을 올라야 부처님을 영접할 수 있다. 많다면 많고, 적다면 적은 숫자지만 경사가 가파르고 계단 높이가 높아 난이도가 꽤 있는 편이다. 올라가는 데만 최소 30분 이상 소요될 만큼 힘들지만, 309미터의 정상에 올라 만난 사원의 풍경과 황금빛 불상의 모습은 아름답기 그지없다. 불상이 자아내는 경이로운 분위기에 종교가 다른 사람도 절로 경건해진다. 내려가는 것도 만만치 않아 게걸음으로 가는 사람이 많고 중도 포기가 꽤 있을 정도로 힘든 곳이니, 본인의 체력과 일정을 고려해 방문하는 것을 추천한다.

🚶 아오낭 롱테일 보트 서비스 클럽에서 차량으로 35분 📍 35 Krabi Noi, Mueang Krabi District, Krabi

정글에서 온천을 즐기는 이색 체험 ······ ⑥
끄라비 핫 스프링스 Krabi Hot Springs

'가만히 있어도 뜨거운 나라에서 온천욕을 한다고?' 끄라비에서 온천을 즐긴다면 누구라도 이런 생각이 먼저 들겠지만, 단순 이색 경험을 넘어 끄라비 필수 방문지 중 하나로 손꼽힌다. 드넓은 공원 형태로 조성된 해수 온천으로 인공 온천과 자연 온천 모두 있으며 주변에 숙박 가능한 호텔도 있다. 입구에서 15~20분가량 들어가면 만날 수 있는 자연 온천의 경우 40도 내외의 천연 온천수가 흐르는데, 많이 뜨겁지 않아 기분 좋게 반신욕을 즐길 수 있다. 전체적으로 계단식 논과 같은 형태로 터키의 파묵칼레 온천과 닮은 듯하지만, 규모가 아담해 사람이 모이기 시작하면 익숙한 동네 목욕탕 같은 느낌도 든다. 여유롭게 온천을 즐기고 싶다면 투어보다는 개별적으로 방문하고, 개장 시간에 맞춰 도착하는 것이 좋다.

🚶 아오낭 롱테일 보트 서비스 클럽에서 차량으로 1시간 10분 📍 W6M5+M4M, Khlong Thom Nuea, Khlong Thom District, Krabi 🕐 08:30~18:00 💰 성인 200바트, 어린이 80바트

에메랄드 풀 & 블루 풀 Emerald Pool & Blue Pool

15분 거리인 에메랄드 풀과 블루 풀은 같은 공원에 함께 자리하고 있다. 먼저 만나게 될 에메랄드 풀까지는 두 가지 길로 걸어갈 수 있는데 800미터 직선 코스, 1.4킬로미터 트레킹 코스가 있으니 들어갈 때와 나올 때 각각 다른 코스를 이용해 보자. 미네랄이 함유되어 신비로운 색을 띠는 에메랄드 풀은 1.5미터쯤 되는 깊이라 수영이 가능하다. 오르고 내리는 길이 미끄러우니 나무에 매인 밧줄을 꼭 이용하자. 좀 더 안쪽으로 들어가면 블루 풀을 만날 수 있는데, 여기는 입수할 수 없고 눈으로만 감상해야 한다. 늦은 오후부터는 야생동물이 먹이 활동을 시작해 해가 지기 전에 입장을 통제하니 일찍 방문해야 천혜의 신비를 여유 있게 감상할 수 있다.

🚶 아오낭 롱테일 보트 서비스 클럽에서 차량으로 1시간 10분　📍 W7G9+27J, Khlong Thom Nuea, Khlong Thom District, Krabi　🕐 08:30~16:30　฿ 어른 200바트, 어린이 100바트　📞 +66 98 041 8171

●

지상 낙원 만끽하는
끄라비 투어 & 액티비티

200여 개의 섬을 품은 끄라비. 에메랄드빛 바다 위를 점점이 수놓은 석회암 절벽들이 때로는 동양화 한 폭처럼,
때로는 현실이라 믿기 힘든 이상적인 파라다이스처럼 펼쳐진다. 일반인이 드나들 수 있는 섬도 많으니 끄라비 여행을 가면
섬 투어를 절대 빼먹지 말아야 한다. 보통 현지 여행사를 통해 반나절, 데일리 투어 등을 이용하는 게 일반적이며
프로그램은 거의 비슷하니 코스와 가격 등을 비교해 보고 예약하면 된다.

<table>
<tr><td>끄라비에서
꼭 가봐야 할
섬, 섬, 섬!</td></tr>
</table>

피피섬 Koh PhiPhi

피피섬은 명확히 이야기하면 끄라비에 속한 섬 중 하나다. 피피섬은 크게 사람이 살고 있는 피피
돈과 기암절벽으로 가득한 무인도 피피레로 나뉜다. 그래서 일반적으로 피피돈에 묵으며 피피
레의 섬들을 현지 투어를 통해 돌아본다. 마야 베이, 카이섬, 필레 라군 등 각기 다른 매력의 스
폿을 돌아다니면서 스노클링도 할 수 있다. 그중 마야 베이는 절벽이 만들어낸 피피레의 걸작이
라 불리는 곳으로, 생태복원을 위해 3년간 폐쇄했다가 2022년 1월 다시 문을 열어 많은 여행자
의 사랑을 받고 있다.

홍섬 Koh Hong

끄라비에서 피피섬 다음으로 인기가 많은 섬 투어는 홍섬과 그 주변을 돌아보는 코스다. 홍(Hong)은 태국어로 방이라는 뜻으로 홍섬은 4개의 기암절벽이 사방을 벽처럼 둘러싸 방처럼 바깥과 분리되어 있다고 지어진 이름이다. 자연이 만든 프라이빗 풀 같은 느낌이라 좀 더 아늑하고 평온한 분위기에서 여유를 즐길 수 있다. 360도 파노라마로 경관을 감상할 수 있는 전망대가 있어 따가운 햇볕과 가파른 계단만 감수한다면 일대의 신비한 풍경을 한눈에 담을 수 있다. 홍섬 주변의 섬들도 들러 자유 시간을 갖는데 그중 라오라딩섬(Koh Loalading)도 참 아름답다. 라오라딩은 말레이어로 '파라다이스'를 지칭하는 말로 파라다이스가 지천에 펼쳐진 끄라비는 진정한 지상 낙원인 듯하다.

마야섬

까이섬

포다섬

태국에서는 꼬(Koh)가 섬을 뜻해서 섬 이름 앞에 꼬(Koh)를 붙인다. 포다섬의 경우, 꼬포다(Koh Poda)라고 읽고 부른다.

끄라비 주요 7섬 투어

정해진 시간 내 많은 섬을 둘러보고 싶다면 끄라비 4섬, 7섬 투어를 선택할 수 있다. 7섬 투어에는 일반적으로 포다, 까이, 야와삼, 마땅밍, 툽, 모르, 랭 7개의 섬이 포함되어 있고 시기나 날씨 상황, 투어 업체마다 방문하는 섬이 조금씩 다르다. 가장 대표적인 포다섬은 유일한 사유지로 이용 요금을 지불해야 하는데, 산호가루로 만들어진 순백의 해변에 발을 들이면 조금 비싼 요금도 전혀 아깝지 않다. 이외에도 섬마다 각각 특색이 있어 꼭 물놀이를 즐기지 않더라도 감상하는 재미가 쏠쏠하다. 특히 까이섬은 독특한 모양새로 유명한 곳으로 섬이 닭 머리를 닮아 까이(닭)라는 이름이 붙었다. 여러 섬을 보고 싶다면 7섬, 한 섬에 길게 머물고 싶다면 4섬 투어를 선택하자.

푸껫과 마찬가지로 끄라비에서도 짧게는 2~3시간, 길게는 하루 종일 할 수 있는
다양한 액티비티 상품이 많다. 대중교통이 좋지 않고 비싼 편이라 픽업 서비스까지
포함된 상품을 이용해 근교 여행지나 액티비티를 즐기는 편이 여러모로 합리적이다.

맹그로브 투어

우뚝 솟은 카르스트 지형이 많은 끄라비. 그 협곡 사이로 울창한 맹그로브 숲이 펼쳐져 있다. 물 밑에 뿌리내린 맹그로브 나무
를 따라 원시림 속으로 들어가면 마치 탐험 영화의 주인공이 된 기분이 든다. 물과 나무가 공존하는 자연의 신비를 느낄 수 있을
뿐 아니라 원숭이를 비롯한 다양한 야생동물도 가까이서 만날 수 있다. 숲에는 카약이나 패들 보트를 타고 들어가게 되는데, 처
음이라면 가이드를 고용해 함께 탈 수 있다. 투어는 로컬 여행사에서 신청할 수 있으며 가격대도 500~800바트 정도로 저렴하다.

암벽 등반

끄라비는 세계적으로도 유명한 암벽 등반 명소다. 약 600개 이상의 암벽 등반 루트가 있어 록클라이밍 세계 대회가 열리기
도 한다. 로프를 메고 험준하고 가파른 절벽을 올라가야 하는데 이는 하는 사람에게도, 구경하는 사람에게도 아찔함을 선
사한다. 하지만 정상에 서는 순간의 성취감과 절벽 꼭대기에서 바라보는 끄라비의 아름다움은 말로 표현할 수 없다고. 일반
인이 체험하기 좋은 곳으로는 프라낭 비치의 절벽들이 대표적이며 4~6시간 정도 난이도에 따라 강습을 받은 후 등반에 노
전해 볼 수 있다.

타이 미 업 팡 Thai Me Up Pang

태국 남부 음식은 좀 더 맛이 강렬하고 화끈한 것이 특징이다. 특히 매운 음식을 즐기는 남부에서 맵부심을 부렸다가는 큰 코 다칠 수 있다. 해변가에서 멀지 않은 곳에 위치한 이 식당은 다른 로컬 식당과 비슷한 맛이지만 매운맛이 좀 더 강한 편이다. 특히 매콤 시큼하지만 중독성 있는 맛을 자랑하는 남부식 까리(옐로우 커리)는 물놀이 후 속을 따끈하게 데워주기 딱 좋다. 하지만 매운 걸 좋아한다고 섣불리 말하지 말 것. 감당 못할 만큼 많은 고추에 눈물 콧물 쏙 빼며 식사할 수도 있다. 음식 맛도 좋고 직원들도 친절해 늘 손님으로 북적이는 가게.

🏃 아오낭 롱테일 보트 서비스 클럽에서 도보 1분 📍 206, Ao Nang, Mueang Krabi District, Krabi 🕙 10:00~23:00 ฿ 태국 남부식 까리 220바트, 솜땀 90바트, 팟타이 120바트 📞 +66 80 777 9374 🏠 thai-me-up-pang.com

패밀리 타이 푸드 & 시푸드 Family Thai Food & Seafood

아오낭 비치에서 수직으로 뻗은 대로변에 상점과 음식점이 늘어서 있다. 패밀리 타이 푸드는 대로에서 살짝 벗어나서 경사진 골목에 있는 로컬 식당으로 이름처럼 일가족이 운영하는 곳이다. 메뉴가 다양하고 전반적으로 가격이 저렴한 편. 사이즈 선택도 가능해 여러 개를 주문해도 전혀 부담이 없다. 해산물 요리도 합리적인 금액대로 먹을 수 있으며, 팟타이 등의 태국 요리도 대부분 100바트 내외로 주문 가능하다. 코코넛 밀크를 넣지 않은 맑은 국물의 남부식 똠얌이 시그니처. 할머니 사장님의 서비스가 굉장히 세심하고 따뜻하다.

🏃 아오낭 롱테일 보트 서비스 클럽에서 도보 5분, 골목 안 경사로에 위치 📍 143 Soi 6 Ao Nang, Mueang Krabi District, Krabi 🕙 10:00~22:30 ฿ 카오팟 70바트, 팟타이 50~70바트, 남부식 똠얌 250~380바트 📞 +66 82 424 9902

한국인 관광객 최고 인기 식당 ······ ③
꼬담 키친 Kodam Kitchen

아오낭 일대에서 한국인에게 가장 인기가 많은 식당. 외국인의 입맛에 잘 맞는 평균 이상의 음식과 합리적인 가격대, 무엇보다 친절한 서비스가 인상적이다. 다양한 해산물 요리와 남부 스타일의 커리, 팟타이, 사테 등 어느 것 하나 버릴 것이 없다. 야외 좌석에 앉으면 초록색 가득한 정원과 함께 끄라비 현지 분위기를 제대로 느낄 수 있다.

🚶 아오낭 롱테일보트 서비스 클럽에서 도보 14분 또는 차량 3분 (픽업 서비스 이용) 📍 155/17 4 Khlong Hang Rd, Ao Nang, Mueang Krabi District, Krabi 📞 +66 62 723 1234 🕐 11:00~22:00 💲 팟타이꿍 150바트, 태국식 마사만 커리 130바트 🏠 kodamkitchen.com

인도와 태국의 만남 ······ ④
탄두리 나이츠 레스토랑
Tandoori Night's Restaurant

말레이시아와 인접한 끄라비는 음식 문화에서도 그 영향을 받아 커리나 무슬림 음식을 전문으로 하는 레스토랑이 굉장히 많다. 그중 탄두리 나이츠는 우리에게도 익숙한 인도식 커리와 탄두리 치킨, 난 등을 메인으로 하는 식당이다. 거기에 태국 음식도 있어서 아시아를 아우르는 이국적인 식사가 가능하다. 밤에도 화려한 분위기라 맥주 한잔 즐기기에도 제격.

🚶 아오낭 롱테일 보트 서비스 클럽에서 도보 2분 📍 247, Ao Nang, Mueang Krabi District, Krabi 🕐 11:00~24:00 💲 커리 250바트, 탄두리 로띠 50바트 📞 +66 87 464 3364

느끼한 맛이 그리울 때 ······ ⑤
크레이지 그링고스 텍스 멕스
Crazy Gringo's Tex Mex

통통 튀는 색감과 화려한 인테리어 덕분에 눈에 확 들어오는 멕시칸 레스토랑. 밤이 되고 조명이 켜지면 더욱 힙한 분위기로 변신해 라이브 음악으로 식욕과 함께 흥도 돋워준다. 태국 음식이 약간 지겹다 느껴질 때, 세계인이 사랑하는 텍스 멕스 음식을 먹으며 라틴의 분위기를 즐겨보자.

🚶 아오낭 롱테일 보트 서비스 클럽에서 도보 3분 📍 142/7-8, Ao Nang, Amphoe Mueang Krabi, Krabi 🕐 11:00~01:00 💲 비프 타코 330바트(3개), 치킨 부리토 330바트 📞 +66 85 150 4840 🏠 facebook.com/crazygringosrestaurant

가장 완벽한 국수 ⑥
고댕 국수

아오낭에서 가장 맛있고 완벽한 국수를 저렴하게 먹을 수 있는 곳이 바로 고댕 국수. 가게 내부는 외관에 비해 훨씬 더 깔끔하고, 소스 같은 음식물과 집기류 등 주방용품도 위생적으로 관리하고 있다. 유명 국숫집답게 오픈 시간인 오후 3시에 맞춰 오는 현지인, 관광객이 꽤 많다. 닭다리, 닭발, 소고기볼, 피시볼 등의 토핑을 선택할 수 있고, 한번 맛보면 많이 먹을 수 밖에 없으니 큰 사이즈로 주문하는 게 좋다. 주문 즉시 국수를 만들어 주는데 육수는 시원하면서 풍미가 아주 좋고, 알찬 사이즈의 닭다리도 겉보기보다 훨씬 부드러워 입에서 살살 풀어진다. 여행 내내 생각나는 맛! 아오낭 비치에서 거리가 좀 있지만 이 맛을 생각하면 기꺼이 걸어서 다녀올 만하다.

🚶 아오낭 롱테일 보트 서비스 클럽에서 도보 20분 또는 택시 3분 📍 238 4203, Ao Nang, Mueang Krabi District, Krabi 🕐 평일 15:00~23:00 ฿ 국수 50~80바트

꼴로비 누들 (Kolobi Noodle)
끄라비 타운으로 가는 길에 있어 찾아가기 애매하지만,, 국수 맛집으로 유명!
📍 253 3, Sai Thai, Mueang Krabi District, Krabi

끄라비 대표 아이스크림 ①
안코아 홈메이드 아이스크림
Ankoa Homemade Ice Cream

라일레이 반대 방향, 아오낭 비치 북쪽 끝자락에 있는 아담한 홈메이드 아이스크림 전문점. 대체로 태국 디저트는 음식에 비해 맛과 질이 많이 떨어지는 편인데 이곳 아이스크림은 꽤 훌륭하다. 코코넛, 바나나, 패션 프루트, 용과, 망고 등 동남아에서 즐겨 먹는 열대 과일 맛이 주를 이루고 민트 초코, 쿠키 몬스터 등 트렌디한 스타일도 있어서 취향대로 골라 먹으면 된다. 컵과 콘 중에 선택 가능한데 금방 녹기 쉬운 재질이라 컵으로 주문하는 것이 먹기 편하다. 가장 평가가 좋은 바나나 아이스크림은 재료 본연의 풍미가 잘 살아있다. 아이스크림 하나 사들고 해변에서 먹으면 금상첨화.

🚶 아오낭 롱테일 보트 서비스 클럽에서 도보 6분, 아오낭 비치 북쪽 끝 📍 2RM9+JHW, Ao Nang, Mueang Krabi District, Krabi 🕐 09:30~22:00 ฿ 컵 기준 1스쿱 45바트, 2스쿱 85바트, 3스쿱 125바트(콘은 5바트씩 추가)
📞 +66 86 281 8974

배산임수 명당의 가성비 비치 바 ⋯⋯①

더 라스트 피셔맨 바 The Last Fisherman Bar

아오낭 비치 남쪽 끝에 있는 비치 바로 끄라비 일대에서 가장 가성비 좋은 곳으로 유명하다. 바 앞쪽으론 바다가, 뒤쪽으로는 웅장한 산이 있어서 한국식으로 따지면 완벽한 배산임수를 자랑하는 명당자리다. 음료, 식사 메뉴가 다양하며 가격도 비치 바답지 않게 저렴해 늘 인기가 많다. 날씨가 좋은 날엔 환상적인 일몰까지 볼 수 있으니 해 질 녘에 방문해 휴양지의 나른한 분위기를 만끽해 보자.

🚶 아오낭 롱테일 보트 서비스 클럽에서 도보 6분 📍 266 Ao Nang, Mueang Krabi District, Krabi 🕐 11:00~22:00 ฿ 치아바타 샌드위치 120~200바트, 칵테일 180~450바트, 버킷 칵테일 400바트 📞 +66 81 458 0170 🏠 thelastfishermanbar.com

깔끔한 리조트 비치 바 ⋯⋯②

샌드 비치 클럽 Sand Beach Club

센타라 아오낭 비치 리조트(P.306)에서 운영하는 곳으로 더 라스트 피셔맨 바 바로 옆에 자리한다. 리조트 수영장에서 해변으로 이어지는 길에 있어 투숙객이 많이 이용하는 편이다. 해피 아워는 오후 4시에서 7시까지로 창 생맥주를 99바트에 판매해 부담 없이 맥주 한잔 마시며 바다의 경관을 감상할 수 있다. 리조트 바답게 모든 취향에 맞춘 다양한 식사 메뉴가 있으며 가격대도 아주 합리적인 편이다.

🚶 아오낭 롱테일 보트 서비스 클럽에서 도보 5분 📍 981 Moo 2, Ao Nang, Mueang Krabi District, Krabi 🕐 11:00~22:30 ฿ 끄라비 로컬 메뉴 250바트~, 시푸드 플래터 1999바트, 햄버거 330바트, 칵테일 200바트~ 📞 +66 75 815 999

끄라비에서 가장 트렌디한 클럽 ⋯⋯ ③
리브 비치 클럽 Reeve Beach Club

일몰을 가까이서 볼 수 있어 유명세를 타기 시작한 리브 비치 클럽은 다른 곳에 비해 훨씬 트렌디하고 세련된 분위기로 여행자의 마음을 사로잡았다. 실내외 모두 좌석이 있으며 전반적으로 가격대가 조금 높은 편이지만 멋진 전망과 맛있는 음식을 생각하면 충분히 가치가 있다. 매일 8시 클럽 앞 모래사장에서 불 쇼가 진행되며 밤이 깊어질수록 신나는 음악과 조명이 더해져 흥을 돋운다. 패들 보트와 카약도 유료로 대여해 준다.

🚶 아오낭 롱테일 보트 서비스 클럽에서 도보 6분 📍 31, Ao Nang, Mueang Krabi District, Krabi 🕐 12:00~24:00
🍴 치즈 피자 380바트, 치즈 플래터 590바트, 똠얌꿍 320바트, 칵테일 320바트~
📞 +66 93 631 7599

접근성 좋은 라이브 바 ⋯⋯ ④
부기 바 Boogie Bar

라이브 뮤직을 사랑하는 태국에선 펍이나 바에서 다양한 장르의 공연이 자주 열린다. 아오낭에도 라이브 공연을 진행하는 곳이 많은데 그중에서 부기 바가 접근성이 좋아 여행자가 들르기 좋다. 편안한 분위기에 친절한 스태프. 거기에 더해 맥주, 칵테일 등의 주류 가격도 저렴한 편이라 부담 없이 라이브 공연을 즐길 수 있다. 공연은 보통 느지막이 시작하는 편이라 저녁 8~9시 이후에 방문하는 것이 좋다. 시간이 갈수록 음악에 맞춰 자유롭게 춤추는 분위기가 조성되어 뜨거운 클럽 분위기도 느낄 수 있다.

🚶 아오낭 롱테일 보트 서비스 클럽에서 도보 1분
📍 459 4203, Ao Nang, Mueang Krabi District, Krabi
🕐 15:00~01:30 🍴 주류 100바트~ 📞 +66 88 594 6915

실패하지 않는 체인 마사지 숍 ····· ①
렛츠 릴렉스 Let's Relax

태국 전역에 체인을 두고 있는 렛츠 릴렉스는 깔끔한 시설에 일정 수준 이상의 마사지사, 합리적인 가격대로 운영되어 인기가 많다. 끄라비 아오낭에도 지점을 두고 있는데 웨이크 업 호텔 1층에 위치해 해변과도 가깝다. 해변에서 물놀이를 즐긴 뒤나 섬 투어를 다녀온 후의 피로를 마사지로 달래 보자. 클룩 등의 예약 사이트에서 약간 더 저렴한 가격으로 서비스를 이용할 수 있다.

끄라비 웨이크 업 아오낭점 🚶 아오낭 롱테일 보트 서비스 클럽에서 도보 3분
📍 121/3, 4203 Rd, Ao Nang, Mueang Krabi District, Krabi ⏰ 11:00~23:00
฿ 아로마 오일 마사지 1,300바트(1시간), 아로마 핫 스톤 마사지 2,300바트 (1시간 30분), 타이 마사지 1,200바트(2시간)
📞 +66 75 695 029

피부 진정이 필요할 때 ····· ②
라다롬 스파 Radarom Spa

휴양지 여행 특성상 강한 자외선에 노출될 일이 많다 보니 피부가 그을리거나 선번(일광 화상)이 생겨 따끔거리기도 한다. 이럴 때 피부 진정을 위해 방문하면 좋은 곳이 바로 라다롬 스파. 라다롬 스파의 '끄라비 선샤인' 패키지를 이용하면 오일 대신 알로에 크림을 이용해 달궈진 피부를 시원하게 식혀준다. 일반 오일 마사지와 달리 크림의 차가운 감촉에 이질감이 들기도 하지만, 받고 나면 피부가 아기처럼 다시 매끈해져 만족도가 높은 편이다. 아오낭 일대에는 픽업 서비스도 제공하니 예약 시 요청하면 된다.

🚶 아오낭 롱테일 보트 서비스 클럽에서 도보 17분
📍 43, Ao Nang, Amphoe Mueang, Krabi ⏰ 10:00~22:00
฿ 끄라비 선샤인 1,690바트(2시간), 안다만 리트리트 2,790바트 (3시간), 라다롬 마사지 1,690바트(2시간) 📞 +66 86 829 9797

이름만큼 사랑스러운 섬

피피 Phi Phi

**#지상낙원 #따뜻한분위기 #나른한휴식 #아기자기한마을
#피피돈 #피피레 #똔사이 #피피뷰포인트 #보트투어**

이름만큼 너무나 사랑스러운 섬, 피피. 영화 <더 비치> 속
주인공이 찾던 마지막 지상 낙원이 바로 여기다. 물감을 뿌려놓은 듯
새파란 에메랄드빛 바다와 곳곳에 자리한 기암괴석, 그 사이로 펼쳐진
풍경 속에 몸을 담그면 낙원에 왔다는 생각만 머릿속에 가득해진다.
섬 안에는 아기자기한 마을이 따뜻하고 편안한 분위기를 머금고
여행자를 반긴다. 휴양지의 낭만과 화려한 나이트 라이프가 공존하는
피피섬, 진정한 여행자의 천국으로 출발해 보자.

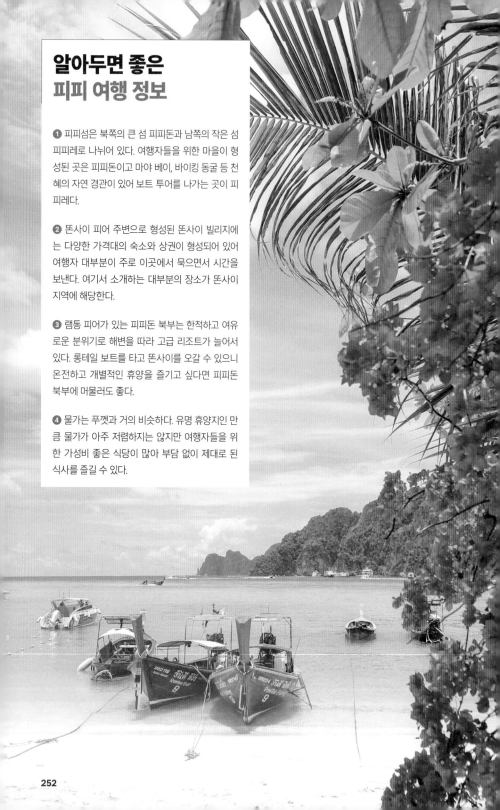

알아두면 좋은
피피 여행 정보

❶ 피피섬은 북쪽의 큰 섬 피피돈과 남쪽의 작은 섬 피피레로 나뉘어 있다. 여행자들을 위한 마을이 형성된 곳은 피피돈이고 마야 베이, 바이킹 동굴 등 천혜의 자연 경관이 있어 보트 투어를 나가는 곳이 피피레다.

❷ 똔사이 피어 주변으로 형성된 똔사이 빌리지에는 다양한 가격대의 숙소와 상권이 형성되어 있어 여행자 대부분이 주로 이곳에서 묵으면서 시간을 보낸다. 여기서 소개하는 대부분의 장소가 똔사이 지역에 해당한다.

❸ 램통 피어가 있는 피피돈 북부는 한적하고 여유로운 분위기로 해변을 따라 고급 리조트가 늘어서 있다. 롱테일 보트를 타고 똔사이를 오갈 수 있으니 온전하고 개별적인 휴양을 즐기고 싶다면 피피돈 북부에 머물러도 좋다.

❹ 물가는 푸껫과 거의 비슷하다. 유명 휴양지인 만큼 물가가 아주 저렴하지는 않지만 여행자들을 위한 가성비 좋은 식당이 많아 부담 없이 제대로 된 식사를 즐길 수 있다.

피피
가는 법

일일 투어 상품

투어 예약 사이트

클룩 klook.com
케이케이데이 kkday.com
마이리얼트립 myrealtrip.com

푸껫 관광객 대부분 일일 투어 상품을 이용해 피피섬에 방문한다. 클룩, 케이케이데이, 마이리얼트립 등의 사이트를 통해서도 쉽게 예약이 가능하고, 현지 여행사의 투어 상품 역시 손쉽게 이용할 수 있다. 피피섬에서 숙박하지 않는다면 투어로 다녀오는 게 일정 및 여행 계획에 장점이 많다.

페리, 스피드보트

페리, 스피드보트 예약 사이트

피피 페리 티켓츠
phiphiferrytickets.com

안다만 웨이브 마스터
andamanwavemaster.com

페리, 스피드보트 요금(편도)

푸껫 ↔ 피피
페리 700~1200바트
스피드보트 1100바트

피피 ↔ 끄라비
페리 900~1300바트
스피드보트 1000~1500바트

◆ 요금 수시 변동으로 확인 요망

푸껫과 끄라비에서 페리와 스피드보트를 이용해 피피로 이동할 수 있다. 자유로운 피피 여행을 추구하는 여행자에게 추천하는 방법.

● 푸껫에서 피피로

푸껫 라사다(Rassada) 피어에서 피피섬의 똔사이(Ton Sai) 피어, 램통(Laem tong) 피어까지 운행하는 페리, 스피드보트는 인터넷 홈페이지나 현지 여행사를 통해 쉽게 예약할 수 있다. 페리는 똔사이 피어까지 약 2시간 정도 걸리고 스피드보트는 편도 1시간 정도 소요된다. 시기에 따라 운행 시간이나 횟수가 달라질 수 있고 모든 배편이 16시 이전에 마감되기 때문에 고려해서 일정을 정해야 한다. 스피드보트는 페리에 비해 속도가 빠르고 진동이 강하니 멀미가 심하다면 피하는 게 좋다.

항구 픽업 서비스

푸껫과 끄라비 부두에서 픽업 서비스도 함께 신청할 수 있으며 지역에 따라 요금이 다르다. 여러 명이 탈 수 있는 미니 밴으로 신청하면 택시보다 훨씬 저렴하니 참고하자.

● 끄라비에서 피피로

끄라비에서도 페리나 스피드보트를 이용해 피피섬으로 갈 수 있다. 아오낭 비치에서 출발 시 노빠랏타라(Nopparat Thara) 피어를, 끄라비 타운이나 공항에서 출발할 경우 리버 마리나(River Marina) 피어를 이용하면 된다. 가장 많은 페리가 출발하는 선착장은 끌롱 지라드(Klong Jirad) 피어니 일정에 참고하자. 인터넷으로 간편하게 예약해도 되고, 현지 여행사에서 직접 예약해도 무방하다. 스피드보트 탑승 시 1시간 내외로 도착하고 페리의 경우는 2시간 정도 걸린다. 끄라비 역시 배편이 16시 이전에 마무리되니 참고하자.

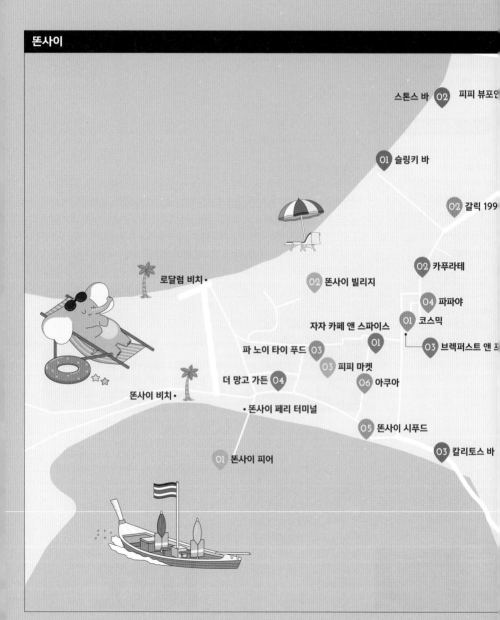

똔사이

스톤스 바 **O2** 피피 뷰포인

O1 슬링키 바

O2 갈릭 199

로달럼 비치 •

O2 똔사이 빌리지

O2 카푸라테

O4 파파야

자자 카페 앤 스파이스

O1 코스믹

파 노이 타이 푸드 **O3**

O1

O3 브렉퍼스트 앤 프

O3 피피 마켓

똔사이 비치 •

더 망고 가든 **O4**

O6 아쿠아

• 똔사이 페리 터미널

O5 똔사이 시푸드

O1 똔사이 피어

O3 칼리토스 바

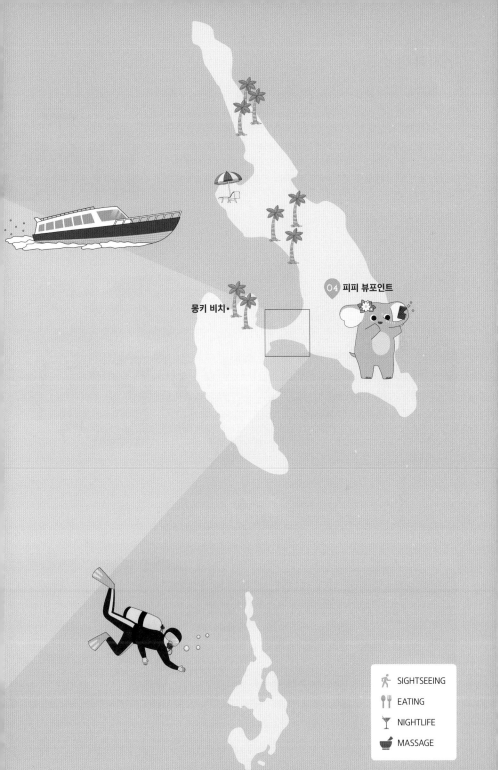

몽키 비치•

○4 피피 뷰포인트

	SIGHTSEEING
	EATING
	NIGHTLIFE
	MASSAGE

똔사이 피어 Tonsai Pier

똔사이 피어는 피피 교통의 중심으로 피피 여행의 시작이자 끝이라고 할 수 있다. 푸껫, 끄라비 등에서 오는 페리를 비롯한 많은 배들이 하루에도 몇 번씩 오간다. 그래서 페리 출발, 도착 시에는 승객들을 비롯해 호텔, 여행사 직원, 현지 주민 등 다양한 사람이 뒤섞여 매우 혼잡하다. 일반 보트와 롱테일 보트 등도 많이 정박해 있고 수시로 배와 사람이 오가기 때문에 언제나 활기찬 분위기다. 똔사이 피어 주변으로 여행자를 위한 마을이 형성되어 있고 우리가 흔히 말하는 피피 여행은 대부분 이곳에서 이뤄진다.

똔사이 빌리지 Tonsai Village

피피를 찾는 여행자들은 대부분 똔사이 피어 주변에 형성된 똔사이 빌리지의 숙소 주변에서 시간을 보낸다. 북쪽으로 로달럼 비치, 남쪽으로 똔사이 비치가 있고 해변을 따라 레스토랑, 바, 클럽이 자리한다. 마을 내부로 골목길이 이어지고 나지막한 건물이 모여 있는 아기자기한 동네라 발길 닿는 대로 한두 바퀴만 돌아보면 대충 마을 지도가 머리에서 그려질 정도. 다양한 물품을 판매하는 상점부터 음식점과 바, 카페, 마사지 숍까지 마을 크기는 작지만 없는 게 없다. 섬 전체를 가득 채운 기분 좋은 나른함에 똔사이 빌리지에서 쉽게 발걸음을 떼기 어렵다. 햇살 아래 늘어지게 자고 있는 피피의 고양이처럼 이곳에선 한껏 게으른 시간을 보내는 것은 어떨까?

피피 마켓 Phiphi Market

똔사이 피어에서 멀지 않은 곳에 위치한 피피 마켓은 돔 형태의 지붕 아래 몇몇 상점이 모여 있는 아담한 재래시장이다. 여행자보다는 현지인이 살 만한 옷, 잡화, 생필품 등이 주를 이룬다. 과일이나 간단히 요기할 만한 태국 길거리 음식도 있고 재래시장답게 가격이 매우 저렴하다. 로컬 느낌 팍팍 나는 소박한 식당들도 몇 개 있는데 똔사이 빌리지 중심에 있는 식당들에 비해 훨씬 저렴하고 맛도 좋아서 식사하러 찾는 여행자가 꽤나 많다.

피피 뷰포인트 Phiphi Viewpoint

필수 관광지로 꼽을 곳이 그리 많지 않은 피피지만, 무슨 일이 있어도 꼭 방문해야 하는 곳이 바로 피피 뷰포인트. 똔사이 빌리지 곳곳에 위치와 방향을 알려주는 이정표가 있어 어렵지 않게 찾아갈 수 있다. 높이 200미터가 채 안 되는 산이지만 섬에서 관광객이 갈 수 있는 가장 높은 곳으로, 피피섬을 한눈에 담기엔 충분하다. 올라가는 길에 가파른 계단 구간이 있긴 하나 크게 무리가 되는 길이는 아니라 금방 도착할 수 있다. 길을 따라 가다보면 먼저 만나게 되는 '뷰포인트 1'엔 각종 조형물이 있어 아기자기한 사진을 남기기 좋다. 하지만 이곳의 하이라이트는 조금 더 높은 곳에 있는 '뷰포인트 2.' 넓은 바위 위에 자리를 잡으면 덤벨 모양의 섬을 파노라마로 만날 수 있다. 일출, 일몰이 모두 유명해 새벽이나 늦은 오후에 방문하면 더욱 좋은데, 가는 길이 조금 외지고 어둡기 때문에 조심해야 한다. 뷰포인트 2에 탁 트인 테라스를 갖춘 대형 카페가 있으니 이곳에서 편히 전망을 감상해도 좋다. 한 가지 주의해야 할 점은 이곳은 음주 금지 구역이라는 것. 적발 시 1,000바트의 벌금이 부과되니 무겁게 주류를 챙겨 가지 말자.

🚶 똔사이 피어에서 도보 30분 ⏰ 05:30~19:00
฿ 30바트

더 높이서 더 멀리, 뷰포인트 3

만약 일몰까지 시간이 남거나 뷰포인트 2에 오르고도 체력이 남았다면, '뷰포인트 3'에 올리가 보자. 뷰포인트 2에 있는 표지판을 따라 10분 정도 더 올라가면 된다. 다만 포장되지 않은 길이니 안전에 유의할 것. 입장료는 추가로 20바트를 더 지불해야 한다. 뷰포인트 2보다 높은 곳에서 섬을 바라볼 수 있으며, 저 멀리 피피레의 모습까지 살펴볼 수 있다.

●

이름처럼 통통 튀는
피피 투어 & 액티비티

이름만큼 사랑스럽고 아름다운 섬 피피. 섬의 크기는 아담하지만 그렇다고 볼거리와 재밋거리가 적은 것은 아니다. 태국 대표 휴양지답게 피피에는 다양한 투어와 액티비티가 알차게 준비되어 있다. 그중 피피 여행을 생생한 기억으로 남겨줄 액티비티를 엄선해 소개한다.

피피 바다 완전 정복
피피섬 보트 투어

피피섬의 아름다운 바다를 좀 더 가까이서 만나고 싶다면 보트 투어가 정답이다. 보트를 타고 피피돈, 피피레 주변의 유명 해변과 섬을 돌아보며 관광과 스노클링을 함께할 수 있다. 섬 곳곳에 있는 현지 여행사에서 예약할 수 있는데, 같은 투어라도 업체마다 금액이 조금씩 다르니 가격을 비교해 보는 게 좋다. 아침 일찍 출발하는 얼리버드 투어, 오후부터 일몰까지 진행되는 미드데이 투어 등이 있으며 대체로 코스에 몽키 비치, 삐레 라군, 로사마 베이 등이 포함되어 있다. <더 비치>의 배경이 되었던 마야 베이는 해양 생태계 복원을 위해 폐쇄했다 다시 개방한 상태로, 꼭 방문해야 할 곳이니 투어에 포함되었는지 확인하자. 투어에 따라 프로그램이 조금씩 다른데, 보트 위에서 일몰을 볼 수도 있고 어두운 바닷속에서 빛나는 플랑크톤과 함께 야간 수영도 할 수도 있다.

일일 투어
클룩 **코스** 피피레, 마야 베이, 로사마 베이, 삐레 라군, 바이킹 케이브, 카이 섬, 몽키 비치 ⏱ 07:30~17:00
฿ 2000~2500바트(국립공원 입장료, 점심 식사 포함)

미드데이 투어
클룩 **코스** 몽키 비치, 샤크 포인트, 바이킹 케이브, 삐레 라군, 누이 베이, 선셋, 야간 수영 ⏱ 12:00~19:30
฿ 1200~1500바트(국립 공원 입장료, 점심 식사 포함)

천혜의 해양 생태계 탐험
스노클링 & 스쿠버 다이빙

피피의 바다는 안다만해에서도 아름답기로 손꼽힌다. 에메랄드색으로 덮인 피피의 바다는 햇살이 드리우면 바닥이 훤히 밝혀질 정도로 그 깨끗함과 투명함을 뽐낸다. 그 중에서도 작은 피피섬, 피피레 주변을 둘러싼 바다가 특히 그렇다. 피피의 바닷속은 산호와 다양한 해양 생물들이 어우러져 어딜 가더라도 천혜의 생태계가 눈앞에 펼쳐져 가히 세상 최고의 스노클링, 다이빙 포인트라고 말할 수 있다. 좀 더 바다와 가까워지고 싶다면 스쿠버 다이빙에 도전해 보는 것도 좋다. 섬 곳곳에 다이빙 센터가 있어 오픈워터, 어드밴스드 자격증 코스를 수강하거나 펀 다이빙을 즐길 수 있다. 킹 크루저 난파선, 샤크 포인트 등 특별한 바닷속을 경험하게 될 것이다. 단, 다이빙은 안전과 직결되어 있으니 영어가 완벽하지 않다면 한국인 강사가 운영하는 다이빙 센터를 추천한다. ▶스쿠버 다이빙 P.040

유유자적 뱃놀이
카약

똔사이 비치, 로달럼 비치에서 즐길 수 있는 해양 액티비티, 카약. 1시간에 200바트의 기본요금이 있고, 이후엔 1시간에 100바트씩 추가 요금을 지불하면 된다. 2인이 함께 탑승할 수 있으며 노를 저어 섬 주변을 돌아보면 된다. 특별한 기술 없이 본인의 속도에 맞게 다닐 수 있어 누구나 쉽게 도전 가능하다. 많은 배들이 오가는 똔사이 비치보단 로달럼 비치가 훨씬 한적해 여유롭게 카약을 타고 바다를 즐기기 좋다. 한낮엔 햇살이 따가우니 모자나 선글라스 등을 꼭 챙겨야 한다.

코스믹 Cosmic

코스믹은 피피 여행자 사이에서 가장 유명한 레스토랑이다. 이전에 대형 쓰나미가 섬을 덮쳤을 때, 주인장이 여행자들의 도움으로 목숨을 구한 뒤로 쭉 합리적인 가격의 식사를 제공한다는 이야기가 있을 정도로 가성비가 좋다. 피피섬엔 늦게 일어나 느긋하게 식사하는 사람이 많아 하루 종일 브런치를 판매하고, 점심, 저녁에 먹을 만한 메뉴도 갖추었다. 피자가 가장 유명하고 다른 메뉴 역시 준수한 맛이다. 또 메뉴의 가짓수가 많아 여행 내내 방문해도 질리지 않는다. 에어컨은 없지만 쾌적한 편이고 직원들도 친절해 항상 기분 좋게 식사할 수 있다.

🚶 똔사이 피어에서 도보 5분, 피피 뷰포인트 방향 📍 125/106 Moo 7 Ao Nang, Mueang Krabi District, Krabi ⏰ 09:00~22:30 ฿ 팟타이 90바트, 똠양꿍 100바트, 치즈 버거 180바트, 피자 130바트 📞 +66 81 787 7284

갈릭 1992

Garlic 1992

이름처럼 1992년부터 영업을 해온 갈릭 1992는 소박한 분위기의 로컬 식당으로 입구에 들어서면 벽면을 가득 채운 메뉴 사진이 눈길을 사로잡는다. 여행객에게 잘 알려진 데다, 내부가 협소해 저녁 시간에 가면 기다려야 하는 경우도 많다. 테이블이 다닥다닥 붙어있어 다른 사람들과 다 함께 식사하는 느낌이 들기도 하지만, 그 나름대로 정겨움을 느낄 수 있다. 상호처럼 양념에 마늘을 많이 사용하기 때문에 대부분의 메뉴가 한국인 입맛에 잘 맞는다. 해산물을 비롯한 각종 볶음 요리가 두루두루 있으며 가격대도 저렴한 편이니 부담 없이 골고루 주문해 먹을 수 있다. 아침 식사도 가능!

🚶 똔사이 피어에서 도보 7분, 피피 뷰포인트 방향 📍 160 Moo 7, Ao Nang, Mueang Krabi District, Krabi ⏰ 10:30~17:00, 18:30~23:00 ฿ 카오팟 100바트, 팟팍붕파이댕 100바트, 똠얌꿍 150바트, 해산물 요리 100~250바트 📞 +66 95 425 8584

한 입 맛보면 엄지가 척 …… ③
파 노이 타이 푸드 Pa-Noi Thai Food

피피 마켓 안쪽에 자리한 파 노이 타이 푸드는 피피 장기 여행자들에게 사랑받는 곳이다. 대부분의 메뉴가 100바트 이하로 주변 식당들에 비해 상당히 저렴하고, 그러면서도 아주 맛깔나는 음식을 내 가성비가 아주 좋다. 쌀국수나 태국식 덮밥 요리로 한 끼 뚝딱 해결하기 최고인데, 잘게 다진 돼지고기에 바질과 매콤한 고추를 볶아 밥 위에 얹어 주는 팟카파오무쌉이 특히 별미. 매운맛도 원하는 대로 조절할 수 있고 신선하고 맛있는 땡모반(수박 주스) 같은 생과일주스와 함께 먹으면 매운맛과 단맛의 환상적인 조합을 느낄 수 있다.

🚶 똔사이 피어에서 도보 3분, 똔사이 빌리지 안쪽으로 북동쪽 방향 ⏱ 10:00~22:00
💲 팟타이꿍 100바트, 솜땀 60바트, 팟카파오무쌉 80바트, 카오팟 60~80바트

태국과 인도의 협주곡 …… ④
파파야 Papaya

피피의 인기 레스토랑 중 하나인 파파야는 멀지 않은 거리에 두 곳의 지점을 운영하고 있다. 태국 음식뿐 아니라 인도 음식, 기본적인 양식까지 다양한 메뉴를 갖추어 선택의 폭이 매우 넓다는 것이 가장 큰 장점. 솜땀(태국식 파파야 샐러드)을 시작으로 카오팟(볶음밥), 신선한 해산물 요리도 모두 평이 좋다. 조금 색다른 음식이 당긴다면 마살라와 인도식 커리에 담백한 난을 곁들여 보자.

🚶 똔사이 피어에서 도보 5분 뷰포인트 방향 📍 139/9 Moo 7, Ao Nang, Mueang Krabi District, Krabi ⏱ 10:00~22:30 💲 탄두리 치킨 250바트, 마살라 커리 200바트, 팟타이꿍 100바트, 솜땀 70바트 📞 +66 91 157 2007

바다를 보며 신선한 해산물 ······ ⑤
똔사이 시푸드 Tonsai Seafood

똔사이 피어 근처, 바다 바로 앞에 위치한 600석 규모의 시푸드 레스토랑. 실내 식당, 중앙의 야외 식당, 바 레스토랑으로 나뉘어져 있으니 취향대로 자리를 골라 앉으면 된다. 가장 인기가 많은 야외 식당에 자리를 잡으면 피피의 아름다운 바다와 석양을 감상하며 식사할 수 있다. 신선한 시푸드를 원하는 무게만큼 구입해 원하는 조리법으로 요리할 수 있으며, 웬만한 태국 음식 메뉴도 제대로 갖추고 있다. 음식 맛보다는 바다를 보면서 식사할 수 있는 구조와 분위기가 좀 더 큰 점수를 받는 식당이니 참고하자.

🚶 똔사이 피어에서 도보 3분, 해안 도로를 타고 동쪽 방향 ⏱ 09:30~21:00
🅱 똠양꿍 180바트, 시푸드 샐러드 190바트, 랍스터 300바트(100그램당)
📞 +66 75 601 083

아침부터 저녁 식사까지 근사하게 ······ ⑥
아쿠아 ACQUA

아쿠아는 아침부터 저녁까지 다양한 옵션으로 음료를 마시거나 식사할 수 있는 식당 겸 카페다. 깔끔하고 편안한 분위기의 레스토랑 내부는 꽤 넓은 편이고, 외부 테라스 좌석은 아늑한 분위기라 늘 인기가 많다. 빵, 샐러드, 계란, 베이컨 등 재료를 취향대로 선택할 수 있는 아침 메뉴는 매우 신선하고 가성비도 좋다. 점심, 저녁에는 파스타, 스테이크부터 태국 음식까지 다양한 음식 메뉴에 120~150바트대의 칵테일, 글라스 와인 등 음료 메뉴를 저렴하게 곁들일 수 있다. 피피에는 와인을 글라스로 마실 수 있는 곳이 많지 않아 와인을 좋아한다면 아쿠아로 발걸음을 옮겨 보자. 매일 저녁 7~8시에 라이브 음악 공연도 열린다.

🚶 똔사이 피어에서 도보 3분, 똔사이 시푸드 앞 삼거리에서 좌회전 📍 125/18 Moo 7, Ao Nang, Mueang Krabi District, Krabi ⏱ 09:30~22:30 🅱 에그 베네딕트 145바트, 홈메이드 스무디 볼 145바트, 잉글리시 브렉퍼스트 220바트
📞 +66 83 181 6915
🏠 acquarestaurantphiphi.business.site

피피 최고의 인기 카페 ······ ①

자자 카페 앤 스파이스

Jaja Cafe & Spice

자자 카페 앤 스파이스는 트립어드바이저 내 최상위 평점을 자랑하는 피피의 인기 카페로 여성 여행자들이 가장 많이 찾는 곳이다. 방갈로 느낌의 외관에 내부는 목재 가구와 아기자기한 소품으로 깔끔하게 꾸며져 아늑함으로 가득차 있다. 훌륭한 커피 맛은 물론이고, 다양한 서양식 브런치 메뉴를 갖추어 늦은 오전에 방문해 잠을 깨우기도 좋다. 달콤하게 졸인 바나나를 더한 팬케이크, 예쁜 비주얼에 맛과 건강까지 더한 아사이 볼, 오트밀 볼도 인기다. 사장과 직원도 매우 친절해 기분 좋은 시간을 보낼 수 있다. 다양한 세계 맥주와 칵테일, 와인 등의 주류도 갖추고 있으니 남국의 분위기를 즐기며 술 한잔하기도 딱이다.

🚶 똔사이 피어에서 도보 4분, 코스믹 근처 📍 125/48 Moo 7, Ao Nang, Mueang Krabi District, Krabi 🕐 09:00~17:30
฿ 아사이 볼 269바트, 오트밀 볼 159트, 핫케이크 249바트, 아메리카노 129바트 📞 +66 95 257 5452
🏠 facebook.com/AroykaffeinePhiphiIsland

피피 만남의 광장 ······ ②

카푸라테 CapuLatte

똔사이 빌리지의 정중앙에 위치한 카푸라테는 위치상 오가며 자주 들르게 되는 곳이라 많은 여행자들의 만남의 장소가 되었다. 비교적 넓은 공간이 시원하게 탁 트여 있어서 더위를 식히며 휴식하기 좋다. 토스트에 계란 프라이, 약간의 과일을 더한 브런치 메뉴, 샌드위치 등도 있어 간단히 요기도 할 수 있다. 카페에 앉아 오가는 사람들 구경하며 피피의 나른한 오후를 즐겨 보자.

🚶 똔사이 피어에서 도보 6분, 피피 뷰포인트 방향 🕐 07:00~15:00
฿ 커피 70바트 내외, 샌드위치 150바트~, 생과일 스무디 110바트
🏠 facebook.com/CapuLatteclub

아침 식사 좋은 로띠 맛집 ⋯⋯ ③

브렉퍼스트 앤 프렌즈
Breakfast & Friends

브렉퍼스트 앤 프렌즈는 이름처럼 아침 식사를 전문으로 하는 아담한 규모의 식당이다. 그렇다고 아침에만 영업하는 것은 아니고 오후 10시까지 문을 여니 여행 중 간단히 스낵으로 요기하고 싶을 때 들르기 좋다. 태국식 팬케이크인 로띠가 대표 메뉴로 달짝지근한 로띠에 토핑을 마음껏 넣을 수 있는데도 가격대가 아주 저렴한 편이다. 일반적인 태국 음식들도 메뉴에 있어 식사에서 디저트까지 한 번에 해결할 수 있는 식당.

🚶 똔사이 피어에서 도보 4분, 코스믹 바로 옆 🕐 07:30~22:00
฿ 아메리칸 브렉퍼스트 150바트, 타이 브렉퍼스트 120바트, 로띠 50~100바트

망고 마니아를 위한 카페 ⋯⋯ ④

더 망고 가든 The Mango Garden

피피 인기 카페 중 하나인 더 망고 가든은 망고로 만든 다채로운 디저트를 선보이는 망고 디저트 전문점이다. 여행의 더위를 식혀 줄 망고 스무디를 기본으로 망고 푸딩 젤리, 망고 스티키 라이스 등 태국식 망고 디저트를 판매한다. 여기에 다른 나라의 디저트를 조합한 퓨전 메뉴도 만나볼 수 있다. 한국식 망고 빙수도 있으니 망고 마니아라면 꼭 한 번 들러 보자.

🚶 똔사이 피어 바로 앞 📍 73 Moo 7, Ao Nang, Mueang Krabi District, Krabi
🕐 08:00~22:00 ฿ 망고 스무디 110바트, 망고 와플 195바트, 망고 스티키 라이스 195바트 📞 +66 95 250 3954
🏠 facebook.com/themangogarden

매일 밤 불 쇼가 열리는 비치 바 ...... ①
슬링키 바 Slinky Bar

피피섬에서 가장 활기찬 밤을 만날 수 있는 로달럼 비치에는 많은 비치 바들이 줄지어 자리한다. 그중에 가장 많은 사람들이 모이는 곳이 슬링키 바인데 매일 밤 화려한 불 쇼를 진행해 관광객들의 발길을 사로잡는다. 신나는 음악에 맞춰서 펼쳐지는 아찔한 쇼는 피피의 밤을 더욱 뜨겁게 달궈준다. 무대 주변 의자에 자유롭게 앉아 음료를 주문해 마시면 되는데, 시샤(물 담배) 체험도 함께 할 수 있다. 태국 위스키인 생솜을 비롯해 위스키, 럼, 진 등과 소다, 콜라 등을 섞어 판매하는 버킷 칵테일도 먹어볼 만하다. 슬링키를 포함한 근처의 비치 바들은 늦은 새벽까지 영업을 한다.

🚶 똔사이 피어에서 도보 9분, 갈릭 1992 앞에서 좌회전 후 로달럼 베이 방향
🕐 09:00~02:00 ฿ 맥주 80~160바트, 위스키 샷 100~140바트, 생솜 버킷 250바트
🏠 facebook.com/slinkybeachbarofficial

게임과 함께하는 활기찬 저녁 ······ ②
스톤스 바 Stones Bar

슬링키 바에서 멀지 않은 곳에 있는 스톤스 바는 다양한 게임을 하는 비치 바로 유명하다. 신나는 댄스 음악에 맞춰 자유롭게 춤을 추는 사람들이 있는가 하면 한쪽에선 다인 줄넘기, 림보 등의 게임이 정신없이 이뤄진다. 미션을 성공하는 사람들에겐 입에다 위스키 샷을 바로 부어준다. 이런 재미 때문인지 피피를 찾은 젊은 여행객들에게 특히 인기가 많다. 음료는 바에서 자유롭게 사다 먹으면 되고 가격대도 저렴한 편이다. 게스트하우스도 함께 운영하고 있으며 아침 일찍 문을 열고 피자나 햄버거, 각종 태국 음식들도 판매해 식사도 가능하다.

🚶 똔사이 피어에서 도보 11분, 뷰포인트 가는 길 삼거리에서 로달럼 비치 방향 ⏱ 08:00~02:30 ฿ 맥주 80~160바트, 생솜 버킷 250바트 🏠 stonesbardorm.weebly.com

밤에는 한적한 똔사이 비치 ······ ③
칼리토스 바 Carlito's Bar

똔사이 비치에서 불 쇼를 볼 수 있는 곳이 칼리토스 바로 로달럼 비치의 다른 바들에 비해 덜 북적이면서도 피피섬의 휴양지 무드를 느끼기에 부족함이 없다. 낮에도 문을 여는데, 바 안쪽에 자리를 잡으면 아름다운 바다의 망중한을 볼 수 있다. 해피 아워도 운영하고 있으니 이른 저녁에 방문해 가볍게 한잔하기도 좋다. 방갈로 스타일의 비에서는 라이브 공연도 열려 잔잔하면서도 신나는 분위기의 밤을 보낼 수 있다.

🚶 똔사이 피어에서 도보 5분, 해안도로 따라 동쪽 방향 ⏱ 11:00~12:00
฿ 똠얌꿍 220바트, 팟타이 180바트, 맥주 100바트, 칵테일 200~250바트
🏠 facebook.com/carlitosphiphi

PART 5

푸껫에서
바로
통하는
여행 준비

📍 추천 여행 코스

COURSE ① 🗺

핵심만 쏙쏙! 4박 6일 기본 코스

세계 최고의 휴양지 푸껫. 독특한 문화와 천혜의 자연 경관, 최고급 리조트 등 즐길 거리가 너무 많아
찾으면 찾을수록 계획을 세우기 힘든 곳이 바로 푸껫이다. 푸껫에 첫 발을 내딛는 여행자를 위해
따라만 하면 푸껫의 핵심만 여행할 수 있는 4박 6일 기본 코스를 준비했다.

◆ 토요일 인천 출발 직항편 이용, 빠똥 숙소 이용 기준

DAY 1

늦은 도착 후 휴식

한국 출발 항공편의 경우 대부분 밤늦게 도착하기 때문에 다음날 여행을 위해 이 날은 숙소에 편안하게 휴식을 취하자.

22:20 **푸껫 국제공항 도착**

택시, 픽업 차량 40~50분

00:00 **숙소** 체크인

푸껫 타운

라차섬 투어

DAY 2

일요일에는 여유롭게

늦은 숙소 도착으로 여행 초반부터 피로가 쌓일 수 있다. 오전에는 늦잠도 자고 리조트 시설들을 즐긴 후, 주변 해수욕장에서 시간을 보내며 여유를 즐기자.

10:00 **숙소** 수영장 등 부대시설 즐기기

택시 30분

13:00 **푸껫 타운** 노포에서 점심식사 후 카페 투어 P.165

도보 5분

15:00 **킴스 마사지** 마사지로 피로 풀기 P.190

도보 5분

17:00 **선데이 마켓** 길거리 음식 즐기기, 기념품 쇼핑 P.169

도보 10분

18:30 **원춘** 푸껫 타운 대표 식당 P.176

도보 8분

20:00 **비밥 라이브 뮤직바** P.188
라이브 공연과 칵테일 한잔

까따 비치

DAY3

푸껫에서만 할 수 있는 특별한 체험

제주도 옆에 가파도, 마라도 등 다양한 섬이 있는 것처럼 푸껫 주변에도 다양한 섬이 있다. 라차섬, 카야섬 등을 방문하는 일일 투어를 신청해 당일치기로 다녀오자. 보통 투어를 신청하면 픽업 서비스도 포함이 되어 있다. 투어 종류에 따라 소요 시간은 다르지만 대부분 오후 6시 안에 끝난다. 저녁에는 푸껫에서만 볼 수 있는 공연으로 하루를 마무리해 보자.

07:30 라차섬 일일 투어 P.034
스피드보트를 타고 떠나는 근교 섬 투어

투어 차량 25분

17:00 투어 종료, 숙소 도착

택시 20분

18:00 푸껫 판타시 / 사이먼 카바레 쇼 P.050
푸껫에서만 볼 수 있는 공연 감상

DAY4

푸껫 제대로 즐기기

푸껫을 이틀간 여행했지만, 아직 즐겨야 할 것이 너무나 많다. 아쉬움이 남지 않게 꼭 가봐야 할 스폿만 쏙쏙 뽑아 하루를 채웠다.

09:20 숙소 출발

택시 40분

10:00 빅 붓다 태국 최대 불상 관람 P.197

택시 30분

12:00 까론 뷰포인트 안다만해 풍경 감상 P.199

택시 5분

12:40 까따 마마 시푸드 신선한 시푸드로 점심 식사 P.149

도보 1분

13:30 까따 비치 P.142
산책, 해양 액티비티(서핑, 패러세일링) 즐기기

도보 10분

15:30 오리엔탈 마사지 풋 마사지로 피로 풀기 P.159

도보 12분

17:00 탄 테라스 일몰 감상하며 칵테일 한잔 P.158

도보 10분

18:30 껭 숍 시푸드, 깜뽕 까따 힐 P.151, P.152
배 터지게 랍스터와 태국 음식 먹방

택시 25분

20:00 방라 로드 핫한 나이트라이프 즐기기 P.120

도보 5분

20:30 일루전 푸껫 / 뉴욕 라이브 뮤직바 P.130, P.132
빠똥의 마지막 밤 불태우기

넘버 식스

DAY 5

오롯이 빠똥에서 보내는 하루

푸껫에서 떠나는 마지막 날은 숙소가 있는 빠똥에서 여유를 가져 보자. 빠똥은 푸껫 관광의 축소판이라 쇼핑부터 식사, 마사지까지 모든 것을 즐길 수 있다.

10:00 숙소 수영장 및 부대시설 즐기기

도보 10분

12:00 넘버 식스 제대로 된 로컬 음식 맛보기 P.124

도보 1분

13:00 정실론, 센트럴 빠똥 P.114, P.116
시원하게 쇼핑몰 투어

도보 15분

15:00 오리엔타라 스파 마지막 전신 마사지 P.135

도보 15분

17:30 사보이 시푸드 레스토랑 P.127
태국식 해산물 요리 최대한 즐기기

도보 10분

19:00 숙소 짐 찾기, 픽업 차량 탑승

택시, 픽업 차량 1시간

20:00 푸껫 국제공항 도착

COURSE ②

아이와 함께하는 4박 6일 가족 여행 코스

아이와 함께 떠날 땐 더 많은 제약이 있는 법이라 계획을 세울 때도 이를 고려해야 한다.
푸껫은 한낮에는 보통 30~35도 정도로 덥고, 혹여나 습도까지 높은 날엔 아이와 함께 일정을 소화하기 어렵다.
무리한 일정은 오히려 독이 될 수 있으니 최대한 여유롭게 생각하자. 리조트를 잘 활용하는 것도 좋은 방법이다.

◆ 토요일 인천 출발 직항편 이용, 까따, 까론 숙소 이용 기준

DAY 1

늦은 도착 후 휴식

한국 출발 항공편의 경우 대부분 밤늦게 도착하니 다음
날 여행을 위해 이 날은 숙소에 편안하게 휴식을 취하자.

22:20 **푸껫 국제공항 도착**

택시, 픽업 차량 1시간

00:00 **숙소** 체크인

DAY 2

일요일은 푸껫 타운에서

6시간이 넘는 비행, 늦은 숙소 도착으로 여행 초반부터
피로가 쌓일 수 있다. 오전에는 늦잠도 자고 리조트 시설
도 즐긴 후, 푸껫 문화의 중심지 푸껫 타운에 방문해보자.

10:00 **숙소** 수영장 등 부대시설 즐기기

택시 30분

14:00 **돌핀스 베이** 신기한 돌고래 쇼 감상 P.046

택시 20분

16:00 **푸껫 3D 뮤지엄** 특별한 가족사진 남기기 P.173

도보 7분

17:00 **선데이 마켓** P.169
길거리 음식 즐기기, 기념품 쇼핑

도보 10분

18:30 **원춘** 푸껫 타운 대표 식당 P.176

DAY 3

아이들을 위한 어트랙션 데이

체력 넘치는 아이들의 힘을 쏙 빼놓을 즐거운 액티비티가
푸껫에 많다. 그중 핵심만 골라 어린이와 어른 모두 즐거울
알찬 하루 일정을 계획해보았다.

09:30 **숙소** 출발

택시 30분

10:00 **안다만다 푸껫** 신나는 워터 파크 탐험 P.046

택시 15분

15:30 **카오랑 뷰포인트** 푸껫섬 풍경 감상 P.173

택시 35분

17:00 **숙소** 휴식하며 체력 보충

도보 15분, 택시 5분

16:30 **깜뽕 까따 힐** 정통 태국 음식으로 저녁 식사 P.152

도보 10분

20:00 **까따 나이트 마켓** 길거리 간식 즐기기 P.145

돌핀스 베이

워터 파크

푸껫 판타시

DAY 5

오롯이 빠똥에서 보내는 하루

푸껫에서 떠나는 마지막 날은 숙소가 있는 빠똥에서 여유를 가져 보자. 특히 정실론 등 쇼핑몰에서 시원하게 아이들과 시간을 보낼 수 있어 편안하고 쾌적하게 여행을 마무리할 수 있다.

10:00 **숙소** 수영장 및 부대시설 즐기기

도보 10분

12:00 **넘버 식스** 제대로 된 로컬 음식 맛보기 P.124

도보 1분

13:00 **정실론, 센트럴 빠똥** P.114, P.116
시원하게 쇼핑몰 투어

도보 15분

15:00 **오리엔타라 스파** 마지막 전신 마사지 P.135

도보 15분

17:30 **사보이 시푸드 레스토랑** P.127
배 터지게 해산물 먹방

도보 10분

19:00 **숙소** 짐 찾기, 픽업 차량 탑승

택시, 픽업 차량 1시간

20:00 **푸껫 국제공항 도착**

DAY 4

대자연에서 즐기는 스노클링

어린이가 가장 즐거워하는 액티비티는 바로 스노클링! 아이들에게 세계 10대 산호초가 있는 푸껫의 바닷속 세상을 소개해줄 수 있다.

07:30 **라차섬 일일투어** P.034
세계 10대 산호초에서 즐기는 스노클링

투어 차량 25분

17:00 **투어 종료, 숙소 도착**
리조트 내 레스토랑 저녁 식사

택시 50분

21:00 **푸껫 판타시** P.050
아이들이 더 좋아하는 공연

가족 여행자들을 위한 Tip

① 가족 여행자의 경우, 리조트에서 좀 더 많은 시간을 보내게 될 수 있다. 그러니 숙소를 예약할 때 부대시설과 프로그램을 꼼꼼히 따져보는 것이 좋다.

② 아이와 함께라면 액티비티 위주의 여행을 계획하자. 돌고래 쇼, 버드 파크, 동물원, 집라인, 스노클링, 워터 파크 등 선택지가 다양하다. 아이들의 성향을 고려해 계획하면 된다.

③ 날씨가 덥고 대중교통 사정이 좋지 않기 때문에 렌터카를 이용하면 좀 더 편하게 다닐 수 있다.

COURSE ③

휴양, 액티비티 모두 잡은 4박 6일 일석이조 코스

쉬기만 하는 푸껫 여행은 이제 그만. 푸껫하면 정적인 휴양지가 가장 먼저 떠오르지만 곳곳에 액티비티가 숨어 있는, 활동적인 여행지이기도 하다. 바다에서는 서핑 등 대표 해양 액티비티를 즐길 수 있고, 산에서는 집라인 같은 이색 액티비티도 가능하다. 푸껫의 매력적인 여유와 뜨거운 에너지가 동시에 느껴지는 일석이조 코스를 정리해 보았다.

◆ 토요일 인천 출발 직항편 이용, 빠똥 숙소 이용 기준

DAY 1

늦은 도착 후 휴식

한국 출발 항공편의 경우 대부분 밤늦게 도착하니 다음 날 여행을 위해 이 날은 숙소에 편안하게 휴식을 취하자.

- `22:20` **푸껫 국제공항 도착**

택시, 픽업 차량 1시간

- `00:00` **숙소** 체크인

DAY 2

푸껫의 여유를 만끽하는 일요일

6시간이 넘는 비행, 늦은 숙소 도착으로 여행 초반부터 피로가 쌓일 수 있다. 휴가의 여유도 즐길 겸 오전에는 늦잠도 자고 리조트 시설을 즐긴 후, 푸껫 타운에 방문해 보자.

- `10:00` **숙소** 수영장 등 부대시설 즐기기

택시 30분

- `13:00` **푸껫 타운** 노포에서 점심식사 후 카페 투어 P.165

도보 5분

- `15:00` **킴스 마사지** 마사지로 근육 풀어주기 P.190

도보 5분

- `17:00` **선데이 마켓** P.169
  길거리 음식 즐기기, 기념품 쇼핑

도보 10분

- `18:30` **원춘** 푸껫 타운 대표 식당 P.176

도보 8분

- `20:00` **비밥 라이브 뮤직바** P.188
  라이브 공연과 칵테일 한잔

DAY 3

섬 일일 투어, 스쿠버 다이빙

푸껫 최고의 액티비티를 뽑으라면 섬 투어와 스쿠버 다이빙을 고를 수 있다. 어디서도 볼 수 없는, 오직 푸껫에서만 볼수 있는 자연 경관을 마음껏 즐길 수 있기 때문! 이 날 하루는 안다만해의 에메랄드색 바다를 마음껏 즐기자.

- `07:30` **라차섬 일일 투어** P.034
  스피드보트를 타고 떠나는 근교 섬 투어
  /
  라차섬, 피피섬 1일 스쿠버 다이빙 투어 P.040
  세계 10대 산호초 제대로 구경하는 스쿠버 다이빙

투어 차량 25분

- `17:00` **찰롱 피어** 투어 종료 P.199

도보 5분

- `18:00` **깐앵 앳 피어** P.204
  칼로리 가득 채우는 해산물 먹방

택시 50분

- `21:00` **숙소** 리조트 바에서 칵테일 한잔

포다섬

스쿠버 다이빙

집라인

DAY 4

집라인, 서핑으로 역동적인 하루

아직 즐길 것이 많이 남았다. 파도가 높은 푸껫에서 서핑을 즐기지 않는다면, 액티비티 마니아라고 할 수 없다. 서핑을 시작하기 전에 집라인으로 몸을 풀고 본격적으로 즐겨 보자.

08:00 **숙소** 출발

투어 차량 30분

09:00 **하누만 월드** P.044
푸껫 정글에서 즐기는 집라인 투어

투어 차량 30분

13:00 **까따 마마 시푸드** 점심 식사 P.149

도보 1분

14:00 **까따 비치** 시원하게 서핑 강습 P.142

도보 5분

16:00 **탄야 스파** 체력 완전 보충 전신 마사지 P.161

도보 10분

17:30 **탄 테라스** 일몰과 함께 칵테일 한잔 P.158

택시 20분

19:00 **매만니 그릴드 포크** 태국식 삼겹살 무까타 P.128

도보 10분

20:00 **방라 로드** 푸껫 밤 문화 탐방 P.120

도보 1분

20:30 **일루전 푸껫** 마지막까지 화끈하게 P.130

DAY 5

빠똥에서 즐기는 마지막 날

푸껫에서 떠나는 마지막 날은 숙소가 있는 빠똥에서 여유를 가져 보자. 빠똥은 푸껫 관광의 축소판이라 쇼핑부터 식사, 마사지까지 모든 것을 즐길 수 있다.

10:00 **숙소** 수영장 및 부대시설 즐기기

도보 10분

12:00 **넘버 식스** 제대로 된 로컬 음식 맛보기 P.124

도보 1분

13:00 **정실론, 센트럴 빠똥** P.114, P.116
시원하게 쇼핑몰 투어

도보 15분

15:00 **오리엔타라 스파** P.135
액티비티의 피로를 말끔하게

도보 15분

17:30 **사보이 시푸드 레스토랑** P.127
해산물, 태국 음식 최대한 즐기기

도보 10분

19:00 **숙소** 짐 찾기, 픽업 차량 탑승

택시, 픽업 차량 1시간

20:00 **푸껫 국제공항 도착**

섬 투어

COURSE ④

렌터카 이용자를 위한 4박 6일 드라이브 코스

지역별 이동 거리가 길고 교통비가 사악한 푸껫에서는 택시로 여러 곳을 여행하기는 매우 어렵다.
전 일정이 아니더라도 이틀 정도만 렌터카를 이용하면 훨씬 편하게 푸껫을 구석구석 돌아볼 수 있다.

◆ 토요일 인천 출발 직항편 이용. 첫째 날 공항 근처, 다음날부터 빠똥 숙박 기준

DAY 1

늦은 도착 후 휴식

한국 출발 비행 편의 경우 대부분 밤늦게 도착하니 다음
날 여행을 위해 이 날은 숙소에 편안하게 휴식을 취하자.

22:20 **푸껫 국제공항 도착**

택시, 픽업 차량 30분

23:30 **숙소** 체크인

왓찰롱

프롬텝 케이프

프롬텝 케이프는 선셋 명소로 유명하니 방문 일자의 일몰 시
간을 확인 후 30~60분 전에 방문하는 게 좋다. 주차장도 부족
한 편이니 미리 가서 자리를 잡아야 한다.

DAY 2

뚜벅이로 다니기 어려운 푸껫 동부 코스

푸껫섬은 70%가 산지라 택시를 타고 다니기에도 불편하
고, 주요 관광지 외에는 가격이 부담되어 쉽게 가기도 힘들
다. 렌터카를 이용하면 남들이 가기 어려운 곳을 찾아 떠나
는 나만의 여행을 완성할 수 있다.

10:00 **렌터카 공항 지점** 차량 대여및 수령

차량 20분

10:20 **마두부아 푸껫** 푸껫 최고 인스타 맛집 P.222

차량 40분

12:00 **카오랑 뷰포인트** 푸껫섬 전망 감상 P.173

차량 20분

13:00 **쓰리 몽키스 레스토랑** P.031
정글 속에서 먹는 점심

차량 20분

15:20 **솜찟 누들** 최고의 로컬 맛집 P.204

차량 7분

16:00 **왓찰롱** 화려한 태국식 사원 P.198

차량 20분

18:00 **푸껫 타운 호텔** 체크인

도보 5분

18:30 **선데이 마켓** 길거리 음식 즐기기, 기념품 쇼핑 P.169

도보 10분

18:30 **원춘** 푸껫 타운 대표 식당 P.176

도보 8분

21:00 **비밥 라이브 뮤직바** P.188
라이브 공연과 칵테일 한잔

DAY 3

숨어 있는 명소를 찾아가는 푸껫 남부 코스

푸껫 남부에 아름다운 명소들이 많지만 스폿 사이가 멀어서 들르기 힘든 것이 현실이다. 하지만 렌터카가 있다면, 남부에 숨어 있는 아름다운 풍경을 마음껏 눈에 담아 올 수 있다.

10:00 **빅 붓다** 푸껫 최대 랜드마크 방문 P.197

차량 18분

11:20 **라가 푸껫** 디저트로 당 보충 P.209

차량 7분

13:00 **라와이 비치, 라와이 시푸드 마켓** P.203
신선한 해산물을 저렴하게

차량 5분

14:30 **킴스 마사지 라와이 비치점** P.211
운전의 피로도 말끔하게

차량 10분

16:30 **야누이 비치** 숨어 있는 보석 같은 해변 P.202

차량 5분

17:30 **프롬텝 케이프** 푸껫 최고 일몰 관람 P.200

차량 40분

19:00 **렌터카 빠똥 지점** 차량 반납

택시 10분

19:30 **반림빠** 고급 태국 레스토랑에서 식사 P.125

빅붓다

DAY 4

대자연에서 즐기는 스노클링

비싼 고급 리조트에 머문다면, 하루는 리조트에서 푹 쉬면서 여유를 즐기자. 만약 가성비 좋은 호텔에서 잠만 자고 바쁘게 움직이고 싶다면, 스노클링을 즐기러 떠나 보자.

07:30 **라차섬 일일투어** P.034
스피드보트를 타고 떠나는 근교 섬 투어

투어 차량 25분

17:00 **찰롱 피어** 투어 종료 P.199

택시 50분

19:00 **숙소** 리조트 레스토랑에서 저녁 식사

DAY 5

까따 & 빠똥, 마지막까지 알차게

앞선 일정을 모두 소화했다면, 누구보다 푸껫 방방곡곡을 여행했다 자신해도 좋다. 이제 남은 것은 까따와 빠똥. 마지막까지 아쉬움이 남지 않게 알차게 즐겨 보자!

09:00 **숙소** 수영장 및 부대시설 즐기기

택시 20분

11:00 **까따 마마 시푸드** P.149
까따 비치를 바라보며 점심 식사

도보 1분

12:00 **까따 비치** P.142
산책, 해양 액티비티(서핑, 패러세일링)

택시 20분

14:00 **정실론, 센트럴 빠똥** P.114, P.116
시원하게 쇼핑몰 투어

도보 15분

15:30 **오리엔타라 스파** P.135
여행의 피로를 말끔하게

도보 15분

17:30 **사보이 시푸드 레스토랑** P.127
해산물, 태국 음식 최대한 즐기기

도보 10분

19:00 **숙소** 짐 찾기, 픽업 차량 탑승

택시, 픽업 차량 1시간

20:00 **푸껫 국제공항 도착**

COURSE ⑤
푸껫 + 피피 5박 7일 완성 코스

안다만해의 낙원, 피피. 이 아름다운 섬의 땅을 밟지 않았다면, 아직 푸껫을 절반밖에 여행하지 않은 것과 같다.
다른 세계에 온 듯한 피피의 분위기와 명소를 즐기며 완벽한 푸껫 여행을 완성하는 코스를 소개한다.

◆ 토요일 인천 출발 직항편 이용, 빠똥, 피피 숙소 이용 기준

DAY 3~4

피피 1박 2일 코스

푸껫에서 아침 일찍 출발해 오후에는 피피섬 반나절 보트 투어를 하고 비치 바에서 피피의 밤까지 즐겨야 피피를 제대로 봤다 할 수 있다. 아기자기한 골목길을 걷고 뷰 포인트에 올라 탁 트인 전망을 보면 푸껫의 다른 일정을 포기하게 될지도 모른다.

◆ DAY 1, 2는 기본 코스와 동일 P.272

DAY3 피피 1일차

08:30 푸껫 라사다 피어 피피로 출발 P.253

스피드보트 1시간

09:30 똔사이 피어 피피 도착 P.256

도보 10분

10:00 똔사이 빌리지 피피의 느긋함 즐기기 P.257

도보 5분

11:00 코스믹 가성비 좋은 점심 식사 P.263

도보 10분

13:00 피피섬 보트 투어 P.260
여유롭게 돌아보는 피피섬

도보 10분

17:00 숙소 체크인

도보 10~20분

17:30 피피 뷰포인트 시원하게 펼쳐진 안다만해 P.259

도보 10~20분

18:30 갈릭 1992 정겨운 분위기에서 저녁 식사 P.263

도보 2분

19:30 슬링키 바 피피 나이트 라이프 즐기기 P.268

DAY4 피피 2일차

10:00 자자 카페 앤 스파이스 가볍게 즐기는 브런치 P.266

도보 5분

11:00 피피 마켓 간식 먹기, 기념품 쇼핑 P.257

도보 5분

12:30 로달럼 비치 산책, 카약 타기 P.262

도보 10분

14:30 똔사이 피어 푸껫으로 출발 P.256

스피드보트 1시간, 페리 2시간

15:30 푸껫 라사다 피어 푸껫 도착 P.253

택시 45분

16:30 숙소 체크인 및 휴식

택시 10분, 도보 15분

18:30 넘버 식스 제대로 된 로컬의 맛 즐기기 P.124

도보 5분

19:30 방라 로드 빠똥 밤거리 거닐기 P.120

도보 5분

20:00 뉴욕 라이브 뮤직바 P.132
라이브 공연과 함께하는 신나는 밤

피피 뷰포인트

슬링키 바

DAY 5

하루만에 푸껫 정복하기

피피에서의 밤을 뒤로하고 푸껫을 즐길 차례! 아직 푸껫에도 볼거리, 즐길 거리가 한참 남아 있다. 그중에서 꼭 한번 가봐야 할 명소 중의 명소만 하루에 골라 담았다.

09:20 **숙소** 출발

택시 40분

10:00 **빅 붓다** 태국 최대 불상 관람 P.197

택시 30분

12:00 **까론 뷰포인트** 안다만해 풍경 감상 P.199

택시 5분

12:40 **까따 마마 시푸드** 신선한 시푸드로 점심 식사 P.149

도보 1분

13:30 **까따 비치** P.142
산책, 해양 액티비티(서핑, 패러세일링) 즐기기

도보 10분

15:30 **오리엔탈 마사지** 풋 마사지로 피로 풀기 P.159

도보 12분

17:00 **탄 테라스** 일몰 감상하며 칵테일 한잔 P.158

도보 10분

18:30 **찡 숍 시푸드, 깜뽕 까따 힐** P.151, P.152
배터지게 랍스터와 태국음식 먹방

택시 25분

21:00 **푸껫 판타시** P.050
푸껫에서 가장 화려한 공연

DAY 6

마지막까지 알차게 즐기는 빠똥

푸껫에서 떠나는 마지막 날은 숙소가 있는 빠똥에서 여유를 가져 보자. 빠똥은 푸껫의 축소판이라 쇼핑부터 식사, 마사지까지 모든 것을 즐길 수 있다.

10:00 **숙소** 수영장 및 부대시설 즐기기

도보 10분

12:00 **넘버 식스** 제대로 된 로컬의 맛 즐기기 P.124

도보 1분

13:00 **정실론, 센트럴 빠똥** P.114, P.116
시원하게 쇼핑몰 투어

도보 10분

15:00 **오리엔타라 스파** P.135
여행의 피로를 말끔하게

도보 15분

17:30 **사보이 시푸드 레스토랑** P.127
해산물, 태국 음식 최대한 즐기기

도보 10분

19:00 **숙소** 짐 찾기, 픽업 차량 탑승

택시, 픽업 차량 1시간

20:00 **푸껫 국제공항 도착**

카약

피피

✈ 푸껫 항공권 준비

✈ 직항 항공

대한항공, 아시아나항공, 저가 항공사(LCC) 중에는 유일하게 진에어가 푸껫 직항 노선을 운항하고 있다. 인천에서 푸껫까지는 6시간 30분가량 소요되며 3개 항공사 모두 늦은 오후에 출발해 자정 전후로 도착한다. 동남아 다른 지역과 달리 진에어 외에는 저가 항공사 노선이 없어 저렴한 항공권을 구하기 쉽지 않다. 대한항공, 아시아나항공의 경우 보통 60~80만 원대 선이며 시기와 출발 요일에 따라 금액에 차이가 있다. 타이항공의 경우, 아시아나항공과 공동 운항한다.

항공사	인천 → 푸껫	소요시간
대한항공	18:10 → 22:10	6시간 10분
아시아나항공	16:10 → 20:40	6시간 30분
진에어	17:30 → 21:45	6시간 15분

항공사	푸껫 → 인천	소요시간
대한항공	23:40 → 08:05	6시간 25분
아시아나항공	22:15 → 06:15	6시간
진에어	22:50 → 07:00	6시간 10분

◆ 운항 시간, 항공권 요금 변동이 심해 확인 필요

✈ 경유 항공

푸껫은 대체로 휴양을 목적으로 떠나는 경우가 많아 직항 편을 이용하는 여행자가 많다. 하지만 좀 더 저렴한 항공권을 찾는다면 1회 이상 경유 항공권을 고려해볼 만하다. 타이항공을 비롯해 베트남항공, 에어아시아, 말레이시아항공, 중국남방항공 등이 경유 노선을 운항 중이다. 당연한 이야기지만 직항에 비해 소요 시간이 길고 번거로움이 따른다. 경유 항공권을 예약할 땐 대기 시간, 경유지 및 출도착 공항, 스탑 오버 가능 여부 등을 꼼꼼히 체크하고 발권하자. 만약 방콕과 푸껫을 함께 다녀올 예정이라면 인천↔방콕, 방콕↔푸껫 구간을 따로 예약하면 항공 스케줄도 다양하고 경비도 아낄 수 있다.

♠ 항공권 가격 비교 사이트

- 스카이스캐너 skyscanner.com
- 네이버항공 flight.naver.com
- 인터파크 투어 tour.interpark.com

✈️ 푸껫 입국하기

STEP 01 | 입국심사

비행기에서 내려 'Immigration'이라고 쓰인 표지판을 따라 입국 심사장으로 가면 된다. 여권 제시 후, 지문 확인, 사진 촬영을 하면 대부분 별다른 질문 없이 통과할 수 있다. 질문을 하더라도 여행 목적, 체류일, 호텔 이름 정도라 걱정할 필요는 없다. 또, 태국은 출입국 신고서 등 각종 입국 서류를 전면 폐지해 따로 준비하지 않아도 된다.

STEP 02 | 수하물 찾기

입국 심사대 통과 후 가방이 그려진 'Baggage Claim' 표지판을 따라 이동해 수하물을 찾으면 된다. 먼저 전광판에서 항공 편명을 찾아 수취대 번호를 확인할 것!

STEP 03 | 유심 구입

출국장을 나오면 TRUE, AIS 등 태국 통신사의 유심을 판매하는 곳들이 바로 보인다. 데이터 용량, 요금이 비슷한 수준이니 줄이 짧은 곳에서 구입하면 된다. 늦은 시간에 푸껫에 도착하니 국내에서 미리 유심, 이심을 구입하거나 포켓 와이파이를 대여해 가는 것도 좋다.

STEP 04 | 숙소 이동

04-1 리조트 셔틀버스 탑승하기

출국장을 빠져나오면 리조트, 여행사, 픽업 차량 직원들이 1번 게이트 앞에 모여서 피켓을 들고 있다. 미팅 게이트는 상황에 따라 달라질 수 있으며, 보통 안내 메시지를 주기 때문에 한 번 더 확인해 보는 게 좋다.

04-2 택시 이용하기

출국장을 나와 택시 표시가 된 안내판을 보고 따라가면 된다. 공항이 넓지 않아 헤맬 일은 거의 없다. 공항에서 출발하는 택시는 미터 요금 대신 비싼 정액제로 운영하는 경우가 대부분이다. 그랩, 볼트 차량은 공항 출입이 불가해 5~10분 정도 걸어 나가서 타야 한다.

04-3 스마트 버스 탑승하기

국내선 터미널 3번 게이트로 나가면 대각선 방향으로 스마트 버스 정류장이 있다. 국제선과 국내선 터미널은 도보로 내부에서 이어지며 멀지 않다. 공항에서 시내까지 가는 가장 저렴한 방법이지만, 9시가 막차라 한국에서 출발하는 여행자는 대부분 이용이 어렵다.

푸껫 여행 Q&A

Q1

환전은 어떻게 할까요?

태국 통화 바트(THB)는 국내 시중 은행, 공항에서도 바로 환전이 가능하다. 달러, 유로, 엔화에 비해 환전 수수료가 높은 편이라 국내에서 달러로 환전한 후 현지에 도착해 바트로 바꾸기도 한다. 100달러 지폐를 더욱 높은 환율로 쳐주기 때문에 큰 단위 지폐로 준비해 가는 것이 이득이다. 공항에 있는 환전소보다는 시내에 있는 은행이나 환전소가 환전율이 좋다. 하지만 일부러 환전소를 찾아다녀야 하는 등 여러모로 번거로운 점도 있으니 소액일 경우, 그냥 국내에서 바로 환전하는 것이 더 편리하다.

Q2

언어는 잘 통할까요?

태국의 공용어는 태국어로 국내 어디에서나 통용되지만 일상어로서 사용되는 범위는 전국의 1/3 정도다. 태국어는 외국인이 봤을 때 글자 자체도 어렵고 읽고 쓰는 방법을 추측하는 일은 불가능에 가깝다. 하지만 대부분의 관광지에서 영어가 잘 통하고, 표지판이나 메뉴판에도 영어가 함께 표기되어 있어 여행을 하는 데 불편함은 전혀 없다.

Q3

여행 경비,
어떻게 준비하는 게 좋을까요?

다양한 여행 옵션이 있는 태국에선 평균 경비를 가늠할 수 없다. 식사만 해도 50바트짜리 국수부터 2,000~3,000바트대의 고급 시푸드 요리까지 다양하니, 먼저 본인의 스타일에 맞는 여행을 계획하고 스스로 예산을 잡아야 한다.

시장이나 일부 로컬 식당, 마사지 숍을 제외하곤 신용카드도 잘 받아주는 편이니 예산보다 많은 금액을 바트로 환전해 갈 필요는 없다. 태국 은행에서 한국 원화도 환전이 가능하며 해외 사용이 가능한 체크카드로 ATM 기기에서 출금해도 좋다. 그렇지만 대부분 출금 수수료가 200바트가량으로 높은 편이니 알아두자.

팁 문화가 있는 곳이니 1달러짜리를 많이 준비해 가도 좋다.

한 번도 안 가본 사람은 있어도 한 번만 가는 사람은 없다는 매력적인 여행지, 태국.
방콕, 치앙마이 등에도 비슷하게 적용되는 보편적인 사항부터 푸껫에 대한 특별 정보까지 여행 전 꼼꼼히 체크해 보자.

Q4

인터넷 사용은 편할까요?

워낙 관광객이 많이 찾는 휴양지답게 푸껫 시내 어딜 가나 무료 와이파이를 사용할 수 있는 곳이 많다. 그래도 안정적인 데이터 사용을 위해선 유심 카드를 구입하거나 포켓 와이파이 대여 서비스, 국내 통신사의 데이터 로밍 서비스를 이용하자. 가장 저렴한 방법은 태국 현지 유심을 구입하는 것! 국내에서 미리 구입도 가능하고 푸껫 공항이나 시내 곳곳의 통신사 매장에서 살 수 있다. AIS, True move, Dtac 등의 통신사가 있으며 가격 및 서비스 제공 내용은 거의 유사하다. 여행 기간에 맞춰 8days, 10days, 30days 중 선택하면 되고 데이터는 무제한으로 사용할 수 있다. 통화도 가능해 식당이나 마사지 숍, 투어 등을 예약할 때도 사용하기 편하다.

Q5

나에게 맞는 데이터 사용법은?

- **USIM 구입** 저렴한 가격으로 무제한 데이터를 사용할 수 있다. 하지만 한국과의 수신, 발신은 불가능하다.
- **포켓 와이파이** 여러 명이 함께 사용할 수 있다는 것이 가장 큰 장점이다. 데이터 로밍과 함께 사용하면 긴급한 메시지나 통화를 이용할 수 있어 업무가 있는 직장인에게 추천한다.
- **데이터 로밍** 업무상 전화 등 한국에서 오는 연락을 꼭 받아야 한다면 로밍을 이용하자. 데이터 요금이 비싼 편이니 포켓 와이파이와 함께 이용하는 편이 좋다.

Q6

치안은 괜찮을까요?

동남아 중에도 치안이 좋은 태국. 그중에서도 푸껫은 더욱 안전한 곳으로 꼽힌다. 그래도 너무 늦은 시간 외진 골목이나 산길을 다니는 등 위험한 행동은 하지 않는 것이 좋다. 사람들이 많이 모이는 방라 로드 등의 주요 관광지에서는 소매치기, 절도 등 경범죄에 노출될 수 있으니 소지품 관리에 주의를 기울이자.

교통

도로 상황이 좋지 않고 교통비가 비싼 푸껫에서는 이동 계획을 세우는 것도 아주 중요한 일이다. 리조트, 투어 등 각종 서비스에 포함된 픽업 차량을 이용하는 것이 편하지만, 픽업 서비스가 없는 곳에 방문하거나 이용하지 않는 것이 좋은 경우도 많다. 여행자가 가장 많이 사용하는 택시, 그랩, 볼트부터 태국 특유의 교통 수단 툭툭, 송태우, 편리한 렌터카와 오토바이까지. 잘 살펴보고 미리 계획해 시간 낭비 없는 푸껫 여행을 만들어 보자.

렌터카, 오토바이로 여행하기

푸껫은 남북으로 긴 섬으로 공항에서 최남단 관광지 프롬텝 케이프까지 약 50km에 달한다.
볼거리가 섬 전체에 흩어져 있고 대중교통도 불편한 편이라 효율적이고 편하게 움직이려면 렌터카를 이용하는 것이 가장 좋다.
렌터카, 오토바이와 함께 나만의 스타일로 푸껫 여행을 즐겨 보자.

차량 대여 시 준비물

① 여권
② 국제 운전면허증
③ 결제용 신용카드 (VISA, Master)

렌터카 예약 추천 사이트

클룩 klook.com
트립 어드바이저 tripadviser.com
카약 kayak.com

푸껫 공항을 빠져나가면 에이비스, 허츠, 유로카 등 세계적인 렌터카 업체들의 부스가 눈에 들어온다. 현장에서 렌트해도 되지만 한국에서 미리 여러 사이트를 비교해 보고 예약해두는 것이 좋다. 이때, 만약의 상황에 대비해 완전 보장 보험을 가입하는 걸 추천한다. 차량을 공항에서 인수, 반납해도 되고 빠똥 등의 시내 지점에서 반납할 수도 있다. 탑승 전, 차량 상태를 꼼꼼하게 살피고 사진을 찍는 것도 잊지 말자. 한국과 운전대 위치가 반대라 운전 시 항상 주의를 기울여야 한다. 우리나라와 마찬가지로 도로에 하얀색으로 구획된 공간에 주차가 가능하며, 흰색과 빨간색이 칠해진 보도블록의 연석 앞에는 차를 세울 수 없다. 최근 단속이 늘어나 500바트 이상의 벌금을 받을 수 있으니 교통법규를 잘 지키도록 하자.

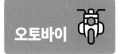

태국에서는 오토바이가 주요 교통수단 중 하나다. 푸껫의 경우 워낙 대중교통이 부족하고 요금도 비싸기 때문에 여행자들도 오토바이를 많이 빌린다. 자동차에 비해 렌털 요금도 훨씬 저렴하다. 시내 곳곳에 오토바이 대여 업체가 있으니 오토바이 상태나 가격을 비교해 보고 빌리면 된다. 대여 및 운전 시에는 국제 운전면허증을 꼭 소지해야 하는데, 이때 면허증에 이륜차 운전이 가능한 A란에 도장이 찍혀 있어야 한다(국내 2종 소형 면허 보유 시에만 발급 가능). 헬멧 착용이 필수이고 미착용 적발 시 최대 2,000바트의 벌금이 부과된다. 여행자의 사고나 위반 적발이 빈번한 편이라 운전 중에는 늘 조심하는 것이 좋다.

🚕 푸껫 대중교통 완전 정복

택시

푸껫은 여행지의 유명세와 그 규모에 비해 택시가 부족한 편이다. 운 좋게 빈 택시를 잡아 타더라도 미터기를 사용하지 않고 정액 요금을 요구하는 경우가 다반사. 미터기를 사용해도 길을 돌아가거나 터무니없는 이유로 바가지를 씌울 수 있으니 주의해야 한다. 기본요금은 50바트이며, 공항에서 출발할 경우 톨게이트 비용 등의 추가 요금이 붙어 200바트가량을 기본 요금으로 내야한다.

볼트 Bolt

에스토니아에서 개발한 공유 차량 앱으로 아시아에선 태국이 가장 먼저 도입했다. 그랩과 이용 방법 유사하지만 가격대가 좀 더 저렴해서 그랩과 볼트를 잘 활용하면 사악한 푸껫의 교통비를 줄일 수 있다. 볼트의 경우 한국에서 앱을 다운로드할 수 있고, 한국 전화번호, 이메일만으로도 가입이 되어 편리하지만, 현금 결제만 가능하다는 단점도 있다. 택시나 다양한 차 종류가 옵션으로 제시가 되니 상황에 맞춰 사용하면 된다. 그랩이나 볼트, 차량 배정은 복불복이라 차량 상태나 서비스는 우열을 가리기 어렵다.

동시에 이용하자!
그랩 & 볼트

그랩과 볼트 앱을 둘 다 다운로드받아 그때그때 가격을 비교해 보고 이용할 것! 위치와 시간대에 따라 차량 수가 달라져 언제는 그랩이 많고, 어디서는 볼트가 주변에 많다. 둘 다 이용하면 가격뿐 아니라 차량 배정 시간도 줄일 수 있다.

그랩 Grab

태국뿐만 아니라 베트남 등 동남아 지역에선 그랩을 많이 사용한다. 그랩 모바일 앱에 목적지를 입력하고 택시나 일반 차량을 선택하면 기사가 배정된다. 인원에 따라 세단, SUV, 밴 등 차량 크기도 선택할 수 있다. 그랩 택시의 경우 목적지까지의 미터 요금에 예약비 150바트가 추가되며, 그랩 카의 경우 정액제로 운영된다. 목적지 설명, 가격 흥정이 필요 없으니 일반 택시에 비해 여행자들이 이용하기에 훨씬 편하다. 시간대나 목적지에 따라 택시, 차량 가격이 상이하니 잘 비교해 보고 이용하는 게 좋다. 한국 번호로 인증 후 현지에서 이용할 수 있고, 태국 유심 사용 시에는 유심 교체 후 인증을 진행하면 된다.

너무나 매력 넘치는 푸껫의 가장 아쉬운 점이 대중교통이다. 여행자가 이용할 만한 버스는 거의 없고
택시조차 그 수가 넉넉지 않다. 그 자리를 툭툭이나 송태우가 채워주고 있지만 가격이 비싸고 이용하기 어렵다.
그래서 푸껫에선 대중교통을 염두에 두고 여행 계획을 세워야 시간과 경비를 알뜰하게 쓸 수 있다.

툭툭

푸껫의 툭툭은 미니 트럭을 개조한 것이라 방콕의
툭툭과는 전혀 다른 외형이다. 가장 흔하게 볼 수
있는 교통수단으로 4~8명이 함께 탑승 가능하다.
좌석이 창문 없이 개방되어 매연도 계속 들어오고
승차감도 좋지 않아 단거리 이동 외에는 사용하기
어렵다. 인기 구간은 300~500바트 정도로 저렴하
지도 않고 가격 흥정도 쉽지 않다. 푸껫 특유의 교
통수단을 이용하고
싶은 여행자에게만
추천한다.

송태우

송태우는 큰 트럭을 개조해 만든 태국 로컬 버스로
현지인들도 많이 이용하는 교통수단이다. 푸껫에서
는 빠똥~푸껫 타운, 까따~푸껫 타운, 남부 일부 지
역에서만 운행한다. 보통 20~30분에 한 대꼴로 다니
며 송태우가 다니는 노선이라면 정류장이 아니더라
도 탑승, 하차가 가능하다. 요금이 30~40바트로 저
렴하나 아주 천천히 달리기 때문에 여행 일정이 빠듯
하거나 성격이 급한 사람에게는 추천하지 않는다.

송태우 타는 법, 어렵지 않아요!
① 송태우가 지나갈 때 기사가 볼 수 있도록 손을 흔들
   어서 세운 후 탑승한다.
② 내리고 싶은 곳에서 하차 벨을 누른다.
③ 요금은 목적지에 내려서 기사한테 직접 낸다. 차장이
   있는 경우도 있다.

스마트 버스

가장 최근에 생긴 스마트 버스는 푸껫 공항과 라와
이 비치 구간을 운행한다. 공항, 수린 비치, 푸껫 판
타시, 까말라 비치, 빠똥, 까론 써클, 까따, 라와이
비치 등 푸껫의 주요 관광지에 정차하기 때문에 여
행자들에게 유용하다. 푸껫 공항에서 라와이 비치
까지 1시간 50분가량 소요되며 요금은 100바트다.
코로나 이전보다 대폭 할인된 금액이라 추후 인상
될 여지가 있다. 래빗 카드를 이용할 경우엔, 하차하
는 정류장에 따라 요금이 차등 적용된다.

🕐 **공항 출발** 09:00~22:00, **라와이 출발** 09:00~20:00
🅱 100바트
🏠 정류장 및 시간표 확인 *phuketsmartbus.com*

래빗 카드의 모든 것
① 래빗 카드란? 스마트 버스 탑승 시 이용하는 카드.
   태국 교통 카드라고 할 수 있다. 카드를 구입한 후, 요
   금을 충전해서 사용할 수 있으며 이동 거리에 비례해
   요금이 적용되기 때문에 승하차 시 모두 단말기에 카
   드를 찍어야 한다.
② 래빗 카드는 버스에 탑승해서도 구입 가능하다. 가격
   은 300바트(카드 100바트 & 충전 200바트).
③ 카드 구입과 충전을 할 수 있는 곳은 인터넷 홈페이
   지에서 확인할 것!
   🏠 phuketsmartbus.com
④ 단, 래빗 카드에는 항상 100바트 이상이 충전되어 있
   어야 한다.
⑤ 3일간 스마트 버스를 자유롭게 이용 가능한 3 Days
   Pass는 499바트!

숙소

남북으로 긴 푸껫은 서쪽 해안가를 따라 여행자들을 위한 인프라가 형성되어 있다. 지역에 따라 특징이 다르니 개인의 여행 스타일과 취향에 따라 숙소를 잡는 것이 좋다. 교통이 좋지 않고 교통비가 비싸서 전 일정 같은 숙소에 묵는 것보단 일정을 나눠 지역별로 숙소를 옮기는 것이 좋다. 예를 들어 4박 6일 일정이라면, 2박은 빠똥, 2박은 까따, 까론 지역에 잡고 그 주변을 돌아보는 것이 좀 더 효율적이다.

푸껫 숙소 속성 정리

휴양지로 떠날 때는 숙소 선택이 그 어느 때보다 중요하다. 숙소에서 보내는 시간도 많을 뿐더러 그 시간 자체를 여유롭게 즐기는 것도 휴양지 여행의 일부니까. 가장 많은 시간을 보내게 될 푸껫 숙소의 다양한 옵션에 대해 알아보자.

리조트

휴양지에선 다양한 부대시설을 갖춘 리조트가 가장 인기가 많다. 콤팩트한 리조트부터 럭셔리 풀 빌라까지 푸껫의 리조트는 가격대부터 스타일까지 모든 것이 천차만별이다. 푸껫에선 숙소를 정할 때 가장 먼저 여행 스타일에 맞는 지역을 고르고 시설과 가격, 운영 프로그램 등을 비교한 후 결정하는 것이 좋다. 골프장, 야외 수영장, 키즈 풀, 키즈 클럽, 스파, 피트니스센터, 클럽 라운지와 레스토랑과 바 등 부대 시설을 꼼꼼히 따져 보고 결정해야 완벽한 휴가를 완성할 수 있다.

호텔

호텔과 리조트의 차이점은 호텔은 부대시설보다 편안한 숙박을 위한 객실, 서비스 제공에 중점을 두었다는 것이다. 그래서 호텔은 휴양보다는 관광을 선호하고 숙소에서 보내는 시간이 짧은 여행자에게 적합하다. 그리고 푸껫에서는 호텔도 리조트처럼 야외 수영장 등 부대시설을 갖추고 있어 충분히 숙소에서 휴가를 즐길 수 있다. 실속형 비즈니스호텔, 트렌디한 부티크 호텔, 고급스러운 서비스를 제공받을 수 있는 럭셔리 호텔까지 종류 역시 다양하다.

에어비앤비

푸껫에도 여러 가지 타입의 공유 숙소들이 많다. 깔끔한 콘도와 아파트먼트, 독채형 빌라에서 풀 빌라까지 그 종류가 다양하다. 조식 등의 서비스와 부대시설이 없긴 하지만 전문 숙박업소 못지않게 시설을 갖춰 놓은 곳도 꽤 많고 좀 더 합리적인 가격에 내 집처럼 편안하게 지낼 수 있다는 장점이 있다. 예약 시 시설과 체크인 방법, 정확한 위치 등을 꼼꼼히 살펴보고 결정해야 한다. 이전 투숙객들의 후기가 큰 도움이 되니 참고한 후 결정하도록 하자.

호스텔

푸껫을 홀로 여행하거나 배낭여행으로 가는 한국 여행자가 많은 편은 아니지만, 그럴 경우엔 호스텔을 이용하는 것도 좋은 방법이다. 비용도 상당히 저렴하고 전 세계 여행자들과도 교류를 할 수 있는 좋은 기회가 된다. 푸껫에는 호스텔이 많은 편은 아니지만 그중에도 다양한 부대시설을 갖춘 깔끔한 도미토리들이 있다. 호스텔을 선택할 땐 욕실이 잘 갖춰져 있는지, 물건을 보관할 개인 사물함과 에어컨이 있는지 등을 따져 봐야 한다.

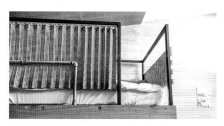

푸껫 지역별 숙박 가이드

가족 여행자들에게 특히 좋은
푸껫 북부(방타오, 라구나)

가족 여행자들은 좀 더 한적하고 아이들을 위한 시설이 잘 갖춰진 리조트가 많은 지역을 선호한다. 푸껫 북부 지역이 남부 지역보다 훨씬 사람이 적고 여유로워 가족이 방문하기 좋다. 특히 방타오 비치 옆 라구나 단지의 리조트들이 가족끼리 오붓한 시간을 보낼 수 있는 것으로 잘 알려져 있다. 공항에서 멀지 않아 이동시간이 짧은 것도 장점.

낮부터 밤까지 다양하게 즐길 수 있는
빠똥

관광, 휴양, 쇼핑, 밤 문화 모든 것을 한곳에서 즐길 수 있는 올인원 휴양지 빠똥. 빠똥 비치를 따라 수많은 상점이 자리하고 대형 쇼핑몰인 정실론, 센트럴도 있다. 새벽까지 불야성을 이루는 방라 로드는 푸껫의 밤을 즐기기에 제격이다. 여행의 중심지답게 호스텔부터 리조트까지 숙소의 형태가 다양할 뿐만 아니라 가격대 역시 아주 폭넓어 예산에 맞춰 가기에도 가장 편안하다. 숙소 주변에 편의시설도 잘 갖춰져 있어 처음 푸껫에 방문하는 사람에게 가장 추천하는 지역이다.

휴양지의 여유가 가득한
까따, 까론

까론, 까따 비치는 빠똥 비치와 함께 푸껫 3대 비치로 손꼽힌다. 중심지인 빠똥과 그리 멀지 않은데도 훨씬 한산하고 조용해 제대로 된 휴양지에 온 기분이 든다. 푸껫 대표 휴양 지역답게 해변가를 따라 고급 리조트들이 자리해, 푸껫하면 생각나는 편안하고 여유로운 휴가를 즐기기 좋다. 빠똥만큼은 아니지만 작은 상권도 있어 여행에 큰 불편함이 없다.

휴양보다는 스쿠버 다이빙 같은 액티비티, 푸껫 본
섬보다는 근교의 작은 섬 여행이 목적인, 활동적인
여행자라면 찰롱 피어에서 멀지 않은 곳에 숙소를
잡는 것이 좋다. 대부분 찰롱 피어에서 보트를 타고
내리기 때문. 다이빙 숍에서 운영하는 게스트 하우
스도 주변에 많이 있다.

푸껫

빠똥

모든 것이 완벽한 리조트

아마리 푸껫 Amari Phuket

넓게 펼쳐진 빠똥 비치에서 가장 한적하고 조용한 언덕을 따라 자리한 아마리 푸껫은 모든 객실이 바다를 마주하는 형태로 지어졌다. 중앙의 로비를 중심으로 좌우의 슈피리어 윙, 레스토랑 건너의 디럭스 윙, 언덕 위에 좀 더 프라이빗하게 조성된 오션 윙의 4구역으로 나누어져 있다. 편의시설로는 3개의 레스토랑과 3개의 대형 수영장이 있으며 호텔에서 직접 운영 중인 바다 전망의 브리즈 스파도 있다. 언덕 최정상에 위치한 오션 윙을 이용할 경우 전용 라운지도 이용 가능하다. 또, 탁 트인 바다 전망의 인피니티 풀과 테라스를 갖춘 레스토랑이 있어 시간에 따라 다른 분위기와 맛을 즐길 수 있다. 특히 선셋 타임 1시간 동안은 각종 주류와 핑거 푸드가 무제한으로 제공된다. 리조트 내 이탈리안 레스토랑인 라 그리타는 훌륭한 음식 맛을 자랑해 투숙객이 아니어도 많이 찾으며, 통유리를 통해 푸껫의 아름다운 해변이 그림처럼 펼쳐지는 사뭇 바 역시 아마리를 선택한 것을 후회하지 않을 만큼 인상적이다.

🚶 정실론에서 차량 5분, 빠똥 비치 남단 언덕 위 📍 2 Meun-Ngern Rd, Patong, Kathu District, Phuket 📞 +66 76 340 106 💵 슈피리어 룸 5,300바트~, 클럽 스위트 11,000바트~ 🏠 amari.com

장점이 많은 사실상 신상 리조트
포포인츠 바이 쉐라톤 푸껫 빠똥 비치
Four Points by Sheraton Phuket Patong Beach

팬데믹 도중인 2020년 10월에 오픈해 사실상 신상 숙소로 봐도 무관한 곳으로 영업을 재개하자마자 많은 투숙객들로 붐비는 중이다. 빠똥 비치 바로 앞이라 접근성이 좋음에도 그리 번잡하지 않다는 것도 장점 중 하나. 객실은 모던한 도심형 호텔 스타일로 매우 깔끔하고 디근자 형태 건물 중정에 수영장, 선베드 등이 조성되어 풀 뷰 형태의 객실에서 휴양 분위기를 제대로 낼 수 있다. 해변 바로 앞에 있는 수영장과 함께 운영 중인 더 덱 비치 클럽도 분위기가 좋고 수제 햄버거와 로컬 맥주 맛집이라 인기가 많다.

🚶 정실론에서 도보 20분, 빠똥 비치 앞
📍 198/8-9 Thawewong Rd, Patong, Kathu District, Phuket
📞 +66 76 645 999 🅱 슈피리어 룸 5,000바트~, 풀 액세스 룸 6,800바트~, 원 베드룸 스위트 7,500바트~
🏠 marriott.com

겉은 깔끔하고 속은 화려한 호텔
호텔 인디고 푸껫 빠똥
Hotel Indigo Phuket Patong

해변에서부터 모던하고 깔끔한 건물 외관이 눈에 확 들어오는 인디고 푸껫 빠똥. 해변 바로 앞은 아니지만 호텔 앞 길을 따라 직진하면 5분 이내에 갈 수 있다. 객실은 트렌디함을 가득 담아 다채롭고 화려하게 디자인 되었으며 특히 욕실 특유의 색감과 조명에서 호텔의 아이덴티티가 잘 드러난다. 객실에는 아담한 테라스도 있어 바람을 쐬거나 젖은 옷과 몸을 말리기 좋다. 체크인 시 루프톱 바와 야외 수영장에서 사용할 수 있는 무료 드링크 쿠폰을 제공한다. 근처에 한식당 마루(P.129)가 있어 한식이 당길 때 편하게 먹을 수 있는 것도 장점.

🚶 정실론에서 도보 10분, 라우팃 로드 따라 북쪽 방향
📍 124 Rat U Thit Rd, Patong, Kathu District, Phuket
📞 +66 76 609 999 🅱 스탠다드 룸 3,600바트~, 주니어 스위트 6,000바트~ 🏠 ihg.com

빠똥이 제대로 느껴지는 리조트
더 키 리조트
The Kee Resort

빠똥의 중심지 방라 로드에서 바로 한 블록 떨어진 곳에 자리한 더 키는 이 근처에서 유일한 4성급 리조트다. 해변까지 도보로 3분밖에 걸리지 않아 바다에서의 아늑한 휴양과 시내의 화려한 나이트 라이프를 동시에 즐길 수 있다. 최적이라 젊은 여행자들에게 인기가 많은 편. 풀 액세스 룸, 자쿠지가 딸린 디럭스 룸, 오션 뷰 스위트룸을 이용하면 더욱 특별하다. 특히 최상층 스위트룸은 통유리를 통해 빠똥 비치를 조망할 수 있어 굳이 일몰 포인트를 찾아 나서지 않아도 된다. 투숙객이 아니더라도 갈 수 있는 루프톱 바, 키 스카이라운지(P.133)도 인기가 많다.

🏃 정실론에서 도보 10분, 빠똥 비치에서 도보 5분 📍 152/1 Thawewong Rd, Patong, Kathu District, Phuket 📞 +66 76 335 888 ฿ 디럭스 룸 3,700바트~, 스위트 오션 뷰 9,600바트~ 🏠 thekeeresort.com

선택해야 할 이유가 너무 많은 리조트
그랜드 머큐어 빠똥 Grand Mercure Patong

한국인에게 인기가 많은 5성급 리조트 그랜드 머큐어. 빠똥 비치 5분, 정실론까지 10분 거리로 유명 스폿들과 가까운 데 비해 한적한 분위기라 휴가를 즐기기 제격인 곳이다. 14개의 풀 빌라를 포함해 약 300개의 객실을 갖춘 대형 리조트로 3개의 야외 수영장, 스파 시설, 키즈 클럽 등 부대시설 역시 잘 갖추고 있다. 피트니스 센터뿐만 아니라 골프 및 테니스 레슨도 받을 수 있어 숙소에만 있어도 심심할 틈이 없다. 호텔 내 크래프트 비어 라운지는 푸껫 내에서 가장 많은 종류의 생맥주와 병맥주를 판매하는데 취급하는 종류가 120여개라고 하니 맥주 마니아라면 꼭 방문해 보길 추천한다.

🏃 정실론에서 도보 10분, 오탑 마켓 근처 📍 1 Rat U Thit Rd, Patong, Kathu District, Phuket 📞 +66 76 231 999 ฿ 슈피리어 룸 3,800바트~, 슈피리어 스위트 7,400바트~ 🏠 all.accor.com

거대한 수영장에서 보내는 한가한 시간
노보텔 푸껫 빈티지 파크 Novotel Phuket Vintage Park

노보텔 푸껫 빈티지 파크는 태국식 건축물과 중앙에 상당히 넓은 수영장이 어우러진 4성급 리조트다. 바다가 바로 앞은 아니라 오션 뷰 객실에 묵을 순 없지만 모든 객실이 수영장을 바라보게 배치되어 있어 휴양지 분위기를 느끼기엔 부족함이 없다. 어린이 전용 수영장, 키즈 클럽이 충분한 시설을 갖추었고 만 16세 미만 어린이 2인까지 무료 숙박이 가능해 가족 여행자에게 특히 좋은 숙소이다. 주변에 로컬 맛집과 마사지 숍들도 많아 여러모로 편안하게 묵을 수 있다.

🚶 정실론에서 도보 10분, 라우팃 로드를 따라 북쪽 방향 📍 89 Rat U Thit Rd, Patong, Kathu District, Phuket
📞 +66 76 380 555 ฿ 슈피리어 룸 3,900바트~, 패밀리 룸 7,400바트~
🏠 all.accor.com

가족 여행자 만족도 최고
홀리데이 인 리조트 푸껫
Holiday Inn Resort Phuket

그랜드 머큐어, 노보텔 빈티지 파크와 함께 빠똥의 인기 리조트로 손꼽히는 홀리데이 인 리조트는 그중에서도 단연 가족 여행자의 강력한 지지를 받고 있다. 리조트는 메인 윙, 부사콘 윙 두 곳으로 나뉘어 있다. 물론 모든 편의 시설은 투숙객 모두 이용할 수 있지만, 윙마다 부대시설과 서비스가 다르니 여행 구성원에 따라 윙을 선택하는 것이 좋다. 아이 동반 가족이라면 키즈 클럽, 키즈 풀장 등이 위치한 메인 윙, 좀 더 조용하게 휴양을 즐기고 싶다면 부사콘 윙이 딱이다. 스위트룸은 4인 숙박이 가능한 객실로 일반 침대 외에 아이들 전용 2층 침대와 게임 플레이어까지 갖추고 있다. 게다가 만 12세 미만 어린이 2인까지 별도의 추가 비용 없이 묵을 수 있으니 가족 여행자의 만족도가 높을 수밖에 없다.

🚶 정실론 도보 10분, 빠똥 비치 도보 3분 📍 52 Thawewong Rd, Patong, Phuket, 📞 +66 76 370 200
฿ 스탠다드 룸 4,200바트~, 빌라 5,600바트~ 🏠 ihg.com

신혼부부를 위한 로맨틱 풀 빌라
더 쇼어 앳 까따타니
The Shore at Katathani

프라이빗한 휴가를 원한다면 꼭 가봐야 하는 럭셔리 풀 빌라, 더 쇼어 앤
까따타니. 리조트 전체가 노 키즈 존으로 어른만의 오롯한 휴가를 보낼
수 있는 점도 굉장히 매력적이다. 객실들이 언덕을 따라 자리해서 어떤
객실에서든 탁 트인 오션 뷰를 만날 수 있으며, 시그니처인 '씨 뷰 풀 빌
라 로맨스 룸'은 경우 킹사이즈의 침대가 전용 풀과 바다를 향해 놓여 있
어서 객실에서도 언제든 푸껫 바다의 풍경과 일몰을 만날 수 있다. 인피
니티 풀의 사이즈도 큰 편이고, 테라스 덱에 선베드까지 있어 제대로 된
물놀이가 가능하다. 풀 빌라의 꽃인 플로팅 조식은 약간의 금액만 추가
지불하면 된다.

🏃 까따 비치에서 도보 15분, 까따노이 비치 바로 앞
📍 18 Kata Noi Rd, Karon, Mueang Phuket District, Phuket
📞 +66 76 318 350
฿ 씨 뷰 풀 빌라 로맨스 22,000바트~, 풀 빌라 15,000바트~
🏠 theshorephuket.com

올 인클루시브의 정석
클럽메드 푸껫
Club Med Phuket

푸껫에서 가장 유명한 리조트인 클럽메드는 올 인클루시브의 정석을 보여주는 곳이다. 항공, 픽업, 숙박, 음식, 액티비티가 모두 포함되어 별도로 여행을 계획할 필요 없이 리조트에서 모든 휴양과 서비스를 즐길 수 있다. 리조트 규모가 상당히 큰 편이며 슈피리어, 디럭스, 스위트 룸 타입이 있어 예산에 따라 선택하면 된다. 2개의 레스토랑에선 퀄리티 좋은 뷔페식과 코스 요리를 항상 준비하고, 바에선 무제한으로 음료를 제공해 칵테일, 와인 등 원하는 주류를 언제든 주문해 마시면 된다. 더해서 낮에는 여러 투어, 액티비티 프로그램을 진행하고, 매일 밤엔 다양한 컨셉의 파티가 열려 하루 종일 리조트에서 즐거운 시간을 보낼 수 있다. 최근 대대적인 리노베이션을 거쳐 객실, 부대시설에 대한 만족도가 더욱 높아졌다.

🚶 까따 비치에서 도보 5분, 까따 로드 위치
📍 3 Kata Rd, Karon, Mueang Phuket District, Phuket 📞 +66 76 330 455
฿ 시즌별, 옵션별 요금이 크게 상이함, 홈페이지를 통해 확인 가능
🏠 clubmed.co.kr

©katathani.com

©expedia.com

낭만 넘치는 오션 뷰 리조트
까따타니 푸껫 비치 리조트
Katathani Phuket Beach Resort

까따 비치 끝자락에 있는 해변, 까따노이는 '작은 까따'를 의미한다. 까따 비치에 비해 규모가 작고 한적해 휴양을 즐기기에 제격이다. 까따타니 푸껫 비치 리조트는 까따노이 바로 앞에 자리해 전용 해변처럼 느긋하게 즐길 수 있다. 전 객실이 해변을 바라보는 형태로 배치되어 객실 내에서도 멋진 바다가 보이는 것이 가장 큰 매력 포인트다. 6개의 레스토랑, 5개의 바, 6개의 수영장, 3개의 스파가 있어 리조트에서만 시간을 보내도 더없이 멋진 휴가가 된다.

🚶 까따 비치에서 도보 12분, 까따 노이 비치 앞 📍 14 Kata Noi Rd, Karon, Mueang Phuket District, Phuket 📞 +66 76 318 350 ฿ 디럭스 룸 8,500바트~, 주니어 스위트 10,000바트~ 🏠 katathani.com

대가족도 문제없는 편안한 리조트
센타라 까따 리조트 Centara Kata Resort

가족 여행자에게 최적인 4성급 리조트 센타라 까따는 팜 스퀘어 바로 뒤편에 위치한다. 까따 비치까지 도보로 10분 정도면 이동 가능하고 무료 셔틀 버스도 운행한다. 객실은 슈피리어부터 투 베드 스위트룸까지 다양한 크기로, 최대 8명까지 수용 가능해 대가족이 함께 지내기도 좋다. 2개의 레스토랑, 3개의 야외 풀이 있어 아이들이 놀기에도 최적이다. 요일마다 바비큐, 쿠킹 클래스 등 다양한 프로모션을 진행한다.

🚶 까따 비치에서 도보 10분, 팜 스퀘어 뒤편
📍 54 Ked Kwan Rd, Karon, Mueang Phuket District, Phuket
📞 +66 76 370 300 💲 디럭스 룸 2,000바트~, 패밀리 스위트 4,100바트~
🏠 centarahotelsresorts.com

위치, 시설, 가성비 모두 잡은 리조트
오조 푸껫 Ozo Phuket

까따 비치 북쪽에 위치한 오조 푸껫은 2019년 6월에 오픈한 리조트로 아마리(Amari)로 유명한 오닉스 호텔 그룹에서 운영한다. 다소 오래된 리조트들이 많은 까따 지역이라 그런지 모던한 디자인의 오조 푸껫은 멀리서도 눈에 확 들어온다. 일반 객실은 넓은 편은 아니지만 군더더기 없이 깔끔하고 가족 단위 숙박객을 위한 패밀리 룸도 있다. 슬라이드가 있는 키즈 전용 풀이 있어 아이들이 놀기에도 좋다. 전용 게이트를 통해 까따 비치까지 3분이면 갈 수 있어 바다에 놀러 가기도 편하다. 조식 뷔페도 음식 구성이 좋으며 점심, 저녁 식사 가격대도 크게 부담스럽지 않다.

🚶 까따 비치에서 도보 5분, 클럽메드에서 도보 3분
📍 99 Kata Rd, Karon, Mueang Phuket District, Phuket
📞 +66 76 563 600 💲 슈피리어 3,300바트~, 디럭스 패밀리 4,800바트~ 🏠 ozohotels.com

다양한 객실에서 만끽하는 까론 비치
파라독스 리조트 Paradox Resort Phuket

모벤픽 리조트에서 상호를 변경한 파라독스 리조트는 까론 일대에서 가장 좋은 위치에 있기로 유명하다. 넓은 부지 안에 나지막한 건물들이 여유롭게 배치되어 있고 슈피리어 룸부터 빌라, 패밀리 룸, 펜트하우스까지 객실 타입이 다양해 예산에 맞춰 선택 가능하다. 슬라이드가 있는 공용 수영장이 있으며 프리미엄 빌라 등급부터는 객실에 개인 수영장이 포함되어 있다. 리조트 내부가 넓은 편이라 툭툭 서비스를 제공하고 스파와 여러 개의 레스토랑이 있는 까론 비치 스퀘어를 조성해 투숙객의 편의를 도모했다.

🚶 까론 서클에서 도보 12분, 까따 비치 방향
📍 509 Patak Rd, Karon, Mueang Phuket District, Phuket 📞 +66 76 683 350
💲 슈피리어 룸 4,200바트~, 플런지 풀 빌라 9,500바트~ 🏠 paradoxhotels.com

가성비 최고의 호텔
이비스 푸껫 까따
Ibis Phuket Kata

까따 지역에서 가성비 최고의 호텔로 꼽히는 이비스 푸껫 까따. 클럽메드 등의 유명 리조트와 같은 까따 로드에 인접해 있다. 주변에 팜 스퀘어를 비롯해 음식점, 마사지 숍이 많고 해변까지 도보로 갈 수 있어 불편함 없이 휴가를 보낼 수 있다. 객실은 아담한 편이지만 깔끔하고, 수영장 등 편의시설도 충분해 실속형 여행자에게 이보다 좋을 수 없다.

🚶 까따 비치에서 도보 10분, 클럽메드 건너편 📍 88 8 Kata Rd, Karon, Mueang Phuket District, Phuket 📞 +66 76 363 488 💲 스탠다드 룸 1,600바트~, 패밀리 룸 2,500바트~ 🏠 all.accor.com

드넓은 공간에 펼쳐진 초대형 리조트
힐튼 푸껫 아카디아 리조트 Hilton Phuket Arcadia Resort

힐튼 계열 중 동남아 최대 규모를 자랑하는 힐튼 푸껫 아카디아. 까론 비치 바로 앞에 위치하며 드넓은 부지에 펼쳐져 내부에서도 셔틀을 타고 다녀야 할 정도다. 그에 걸맞은 사이즈의 대형 풀 3개를 보유하고 있고 조경도 잘 되어 있어 리조트 안에만 있어도 바캉스 무드를 제대로 즐길 수 있다. 조식 뷔페 등 호텔 음식도 준수하기로 유명하다. 하지만 호텔 바로 근처에 음식점, 상점들이 많지 않기 때문에 어딜 가든 좀 걸어 나가야 한다는 소소한 단점이 있다.

🚶 까론 서클에서 도보 20분, 까따 방향
📍 333 Patak Rd, Karon, Mueang Phuket District, Phuket 📞 +66 76 396 433
฿ 디럭스 4,900바트~, 디럭스 씨 뷰 스위트 14,000바트~ 🏠 hilton.com

편의성만큼은 최고
센타라 까론 리조트
Centara Karon Resort

까론 최대 번화가인 까론 서클에서 조금 안쪽으로 자리한 센타라 까론 리조트는 주변 인프라가 훌륭하기로 잘 알려진 곳이다. 리조트 바로 앞에 편의점과 바, 음식점, 노점상 등 없는 것이 없어 편의성에서는 최고의 숙소라고 할 수 있다. 넓은 부지에 자리한 리조트는 다양한 타입의 객실로 이루어져 있으며 슬라이드가 있는 풀을 포함해 3개의 공용 풀장이 있다. 개인 풀이 딸린 스위트룸도 가격이 합리적이라 가족 단위의 여행자가 많이 방문한다. 요일별로 달라지는 레스토랑 프로모션들도 굉장히 매력적이다.

🚶 까론 서클에서 도보 5분 📍 502/3 Patak Rd, Karon, Mueang Phuket District, Phuket 📞 +66 76 396 200
฿ 슈피리어 룸 2,800바트~, 원 베드룸 윗 프라이빗 풀 카바나 6,500바트~ 🏠 centarahotelsresorts.com

전통과 현대가 어우러진 풀 빌라

반얀트리 Banyan Tree

방타오 비치 북부에 위치한 반얀트리는 푸껫에서 가장 인기가 많은 리조트 중 하나다. 모든 빌라에는 프라이빗 풀이 딸려 있으며 빌라 타입도 다양해 연인, 신혼부부뿐만 아니라 가족 여행자에게도 많이 선택받는다. 각각의 빌라 객실은 전통적인 태국 건축 양식에 현대적인 감각을 더해 고급스럽다. 조식 뷔페도 매우 훌륭한데 숙박 중 1회에 한해 수영장 안에서 조식을 먹을 수 있는 플로팅 브렉퍼스트를 제공한다. 호텔 레스토랑인 샤프론에선 5성급 호텔의 명성에 걸맞은 완벽한 코스 요리를 만날 수 있다. 18홀 골프 코스와 요가 클래스, 쿠킹 클래스 등 투숙객을 위한 프로그램도 다채로워 리조트에서만 시간을 보내도 지루할 틈이 없다. 또한 호텔 스파도 만족도 높은 서비스로 상당히 유명하다.

🚶 공항에서 차량 30분, 방타오 비치 북부 📍 33/27 Moo 4, Srisoonthorn Rd, Choeng Thale, Thalang district, Phuket 📞 +66 76 372 400 ฿ 시그니처 풀 빌라 15,600바트~, 투 베드룸 더블 풀 빌라 36,000바트~ 🏠 banyantree.com/en/thailand/phuket

인터컨티넨탈 푸껫 Intercontinental Phuket

코로나 도중인 2020년 10월 오픈하는 비운을 맞아 한국 관광객들에게 많이 알려지진 않았지만 현지에선 태국 셀럽도 많이 찾는 리조트로 잘 알려져 있다. 카말라 비치 앞이라 공항에서 차량으로 35~40분 정도 걸리는데, 빠똥부터 이어지는 남부의 주요 명소들보다 훨씬 한적해서 오롯한 휴가를 즐길 수 있다. 주변에 고급 리조트들과 몇몇의 비치 바, 레스토랑 정도밖에 없는 곳이라 조용하게 호캉스를 즐기고 싶은 사람에게 알맞다. 도로를 사이에 두고 마운틴 뷰, 오션 뷰 객실이 완전히 분리되어 있으며 지하 통로로 연결되어 있다. 치앙마이의 화이트 템플이 연상되는 파빌리온이 리조트의 시그니처 건물로 스파 고객과 투숙객의 휴식 공간으로 사용된다. 미쉐린 가이드에 오른 자라스 레스토랑(P.082)에서의 식사도 놓칠 수 없다.

🏃 공항에서 차량 40분, 카말라 비치 앞 📍 333, 333/3 Moo 3, Kamala Beach, Kamala, Kathu District, Phuket
📞 +66 76 629 999 ฿ 클래식 룸 10,000바트~, 클래식 마운틴 뷰 11,000바트~, 킹 프리미엄 오션 뷰 20,000바트~ 🏠 ihg.com

©ihg.comdusit.com

©ihg.comdusit.com

두짓타니 라구나 푸껫
Dusit Thani Laguna Phuket

라구나 단지 내 리조트 중 하나인 두짓타니는 방타오 비치 바로 앞에 위치한다. 전체적으로 태국 전통 건축 양식으로 지어져 자연 친화적이면서도 고풍스러운 분위기를 느낄 수 있다. 오래된 리조트지만 객실 및 수영장 등의 부대시설을 최근에 리노베이션해 아주 깔끔하다. 라구나, 오션 뷰의 디럭스 룸, 스위트룸, 클럽 룸이 있고, 3층 건물을 통째로 사용할 수 있는 투 베드룸 빌라가 있어 가족 여행자에게도 인기가 많다. 야자수로 둘러싸인 넓은 수영장과 방타오 비치의 모래사장에 전용 선베드가 있어 여유롭게 휴양을 즐기기 좋다.

🏃 공항에서 차량 30분, 라구나 단지 내부 방타오 비치 앞
📍 390 Moo.1 Srisoontorn Rd, Choeng Thale, Thalang District, Phuket 📞 +66 76 362 999 ฿ 디럭스 룸 7,800바트~, 클럽 룸 10,500바트~, 투 베드룸 풀 빌라 20,000바트~
🏠 ihg.comdusit.com

남녀노소 모두가 즐거운 리조트
사이 라구나 SAii Laguna

푸껫 북부에서 가족 여행객이 가장 선호하는 리조트, 아웃리거 라구나가 최근 사이(SAii) 계열 리조트로 바뀌었다. 공항에서 멀지 않으며 객실도 아이들과 함께 묵기 좋게 상당히 넓은 편이다. 라군, 오션 뷰 객실로 나뉘며 클럽 룸, 스위트 룸 등 크기도 다양하다. 크고 다채로운 조식 뷔페뿐 아니라 리조트 내 레스토랑만 5개가 있어 모든 취향에 맞춘 식사를 제공한다. 키즈 풀, 풀 바를 포함한 야외 수영장에는 55m에 달하는 워터 슬라이드가 있어 남녀노소 모두에게 인기다. 테니스 코트, 양궁장, 탁구대, 당구대까지 다양한 스포츠 시설을 갖추어 숙소 내에서도 신나게 액티비티를 즐길 수 있다. 시설 및 서비스 대비 가격도 합리적인 편이라 한국인 투숙객에게 아주 인가가 많은 리조트다.

🚶 공항에서 차량 30분, 라구나 단지 내부 방타오 비치 앞 📍 323 Moo 2, Srisoonthorn Rd, Cheong thale, Thalang district, Phuket 📞 +66 76 360 600 ฿ 라군 뷰 트윈 10,000바트~, 오션 뷰 테라스 12,000바트~ 🏠 saiiresorts.com

푸껫 타운

푸껫 타운의 신상 글로벌 체인
코트야드 바이 메리어트 푸껫 타운
Courtyard by Marriott Phuket Town

사실 푸껫 타운에 묵고 싶어도 갈 만한 숙소가 마땅치 않아 포기하는 경우가 많았다. 하지만 푸껫 타운의 메트로폴 호텔이 코트야드 바이 메리어트로 다시 문을 열면서 고민할 필요가 없어졌다. 새로 지은 건물은 아니지만 대대적인 리노베이션을 통해 모던한 인테리어의 호텔로 변신했다. 깔끔하고 콤팩트한 객실, 유러피언 감성의 리셉션, 다양한 프로모션으로 특별한 식사가 가능한 레스토랑을 비롯해 푸껫 타운에서 보기 힘든 루프톱 야외 수영장과 풀 바까지. 충분한 시설에 비해 가격도 비싸지 않고, 오히려 해변 근처의 호텔보다 저렴한 편이다.

🚶 바바 뮤지엄에서 도보 7분 수린 서클 시계탑 앞 📍 1 Soi Surin, Talat Yai, Mueang Phuket District, Phuket 📞 +66 76 643 555 ฿ 디럭스 시티 뷰 3,000바트~, 시티 뷰 주니어 스위트 5,000바트~ 🏠 marriott.com

푸껫에서 가장 프라이빗한 호캉스
센타라 그랜드 비치 리조트 앤 빌라 Centara Grand Beach Resort & Villas

시내인 아오낭으로는 쉽게 갈 수 없지만, 그만큼 프라이빗하고 여유롭게 쉬어갈 수 있다. 투숙객만 이용 가능한 전용 해변에 언덕을 따라 숙소 건물들이 그림같이 펼쳐져 있다. 풀 빌라, 스파 객실 등 룸 타입이 다양하고, 4개의 레스토랑과 바를 포함한 편의시설이 완비되어 있어 리조트 밖으로 나가지 않아도 알차게 시간을 보낼 수 있다. 아오낭 비치에서 멀지 않지만 도로가 없어서 보트를 타고 이동해야 한다. 호텔에서 운영 중인 무료 셔틀 보트를 이용하거나 롱테일 보트를 개별적으로 이용하면 된다. 썰물일 땐 해안을 따라 가거나 몽키 트레일을 통해 걸어서 아오낭 비치까지 갈 수 있다.

🏃 노빠랏타라 항구에서 전용 셔틀 보트를 타고 이동 📍 396-396/1, Ao Nang, Mueang Krabi District, Krabi
📞 +66 75 637 789 ฿ 디럭스 가든 뷰 7,500바트~, 빌라 원 베드룸 프라이빗 풀 28,000바트~ 🏠 centarahotelsresorts.com

여행과 호캉스, 어느 것 하나 놓칠 수 없다면
센타라 아오낭 비치
Centara Ao Nang Beach

코로나 직전에 오픈해 거의 신상 숙소나 마찬가지인 센타라 아오낭 비치 리조트는 전체적으로 깔끔한 시설과 최적의 위치를 자랑한다. 아오낭 비치의 남쪽 끝자락이라 상대적으로 한가롭고 야외 수영장, 비치 클럽에서 해변까지 바로 이어져 휴양을 즐기기 좋다. 다양한 객실 타입이 있는데 가격이 매우 합리적이라 이 일대에서 인기가 많은 편이다. 아오낭 일대 어디로든 접근성이 좋고 분위기와 서비스가 좋은 스파와 비치 클럽도 조성되어 있어서 여행과 호캉스, 두 가지 모두 만족할 수 있다.

🏃 아오낭 롱테일 보트 서비스 클럽에서 도보 5분, 라일레이 방향
📍 981 Moo 2, Ao Nang, Mueang Krabi District, Krabi
📞 +66 75 815 999 ฿ 디럭스 5,500바트~, 디럭스 풀 액세스 7,080바트~, 패밀리 레지던스 7,430바트~
🏠 centarahotelsresorts.com

마운틴 뷰 가성비 숙소
센트라 바이 센타라 푸 파노
Centra by Centara Phu Pano

오션 뷰를 포기한다면, 선택할 수 있는 숙소의 폭은 크게 넓어진다. 그중에 센트라 바이 센타라 푸 파노가 가성비 좋은 마운틴 뷰 숙소로 유명하다. 아오낭 해변에서 도보로 20분가량인데 오가는 길에 상점, 음식점 등이 많아 구경하며 걸어 다닐 만하다. 호텔에서 운영하는 무료 셔틀도 있어 편하게 이동할 수도 있다. 군더더기 없는 깔끔한 객실과 더불어 눈앞에는 웅장한 기암절벽의 장관이 펼쳐져 끄라비의 또 다른 매력을 만날 수 있다.

🚶 아오낭 롱테일 서비스 클럽에서 도보 20분, 서쪽 대로변을 따라 직진 📍 879 Moo 2, Soi Ao Nang 11, Ao Nang, Mueang Krabi District, Krabi 📞 +66 75 607 888 ฿ 슈피리어 풀 뷰 1,600바트~, 패밀리 룸 풀뷰 2,300바트~
🏠 centarahotelsresorts.com

끌롱무앙 지역 대표 숙소
두짓타니 끄라비 비치 리조트 Dusit Thani Krabi Beach Resort

끄라비에서 여행하기 가장 좋은 지역으로 아오낭이 많이 알려져 있지만 좀 더 한적한 곳에서 머물고 싶다면 끌롱무앙(Klong Muang) 비치 일대도 괜찮다. 그중 가장 유명한 곳이 두짓타니 리조트. 언덕을 따라 계단식으로 오션 뷰 수영장이 있고 자쿠지, 풀 바가 있어서 바캉스 무드를 마음껏 만끽할 수 있다. 디럭스 룸, 클럽 디럭스, 클럽 프리미어 스위트 등 7가지 타입의 객실이 있으며 모던한 스타일의 객실엔 모두 테라스가 있어 숲이나 바다를 가까이서 만나볼 수 있다. 고급 리조트답게 전용 해변도 보유해 한가하고 느긋하게 휴양하기 제격이다.

🚶 아오낭 롱테일 서비스 클럽에서 차량 20분, 끌롱무앙 비치 앞 📍 155 moo 2, Nong Thale, Mueang Krabi District, Krabi
📞 +66 75 628 000
฿ 디럭스 룸 7,000바트~, 클럽 스위트룸 오션 뷰 12,000바트~, 스위트 13,000바트~
🏠 dusit.com

아이들과 함께 가기 좋은 곳

홀리데이 아오낭 비치 리조트
Holiday Ao Nang Beach Resort

아오낭 비치 중심에선 약간 떨어져 있지만 전반적으로 모던한 분위기의 객실에 아이들이 놀기 좋은 키즈 풀과 키즈 클럽이 있어서 가족 여행자에게 인기가 많다. 합리적인 가격대를 자랑하고 만 12세 이하 어린이의 경우 침구를 추가하지 않는다면 최대 2명까지 무료 숙박이 가능해 경비를 많이 절약할 수 있다. 건물 사이 공간을 가득 메운 수영장과 거기에 비치된 여러 개의 슬라이드로 물놀이를 원 없이 즐길 수 있고, 수영장 내부에 풀 바까지 있어 어른, 어린이 모두 만족할 수 있다. 결정적으로 수영장에서 바로 연결되는 풀 액세스 룸에서 편하게 수영장에 오갈 수 있어 물놀이를 선호하는 여행자에게는 이보다 좋을 수 없다.

🚶 아오낭 롱테일 보트 서비스 클럽에서 도보 15분, 북서쪽 방향
📍 123 243 4203, Ao Nang, Mueang Krabi District, Krabi
📞 +66 75 810 888 💲 디럭스 룸 4,000바트~, 패밀리 풀뷰 5,000바트~, 키즈 스위트룸 8,000바트~
🏠 holidayresortkrabi.com

란따 섬 프라이빗 럭셔리 리조트

피말라이 리조트 앤 스파
Pimalai Resort & Spa

미국의 유명 잡지 "트래블 + 레저"의 동남아 리조트 순위 2위, 란따 섬에 처음으로 문을 연 5성급 리조트 등 각종 상과 대단한 수식어를 휩쓴 최고의 리조트. 개별적으로 찾아가기 어렵기 때문에 호텔에서 공항 픽업 서비스를 제공한다. 끄라비 공항에서 선착장으로, 선착장에서 전용 보트를 타고 가야 하는 번거로움은 태국 최고의 리조트에 들어서는 순간 눈 녹듯 사라진다. 아름다운 깐띠양 베이를 전망하는 정글 인테리어의 프라이빗 풀 빌라는 밖과 완전히 분리되어 커플과 신혼 여행자에게 특히 인기가 많다. 1년에 6개월만 개방되는 무꼬란따 국립공원에서 스노클링을 즐기고 석양을 맞이하는 리조트 전용 투어가 있어 오직 이곳만의 특별한 경험을 기억에 남길 수 있다. 오롯한 휴식과 특별한 여행을 동시에 완성하고 싶다면 강력히 추천한다.

🚶 전용 선착장에서 리조트 셔틀 보트를 타고 이동(호텔 제공)
📍 99 Moo 5, Ba Kan Tiang Beach, Ko Lanta District, Krabi
📞 +66 75 607 999 💲 디럭스 룸 12,000바트~, 원 베드 풀 빌라 23,000바트~, 투 베드룸 스위트 30,000바트~ 🏠 pimalai.com

라일레이 최고의 럭셔리 리조트
라야바디 Rayavadee

끄라비에서 가장 끄라비다운 곳이 바로 라일레이. 아오낭에서 보트를 타고 가야 하는 번거로움이 있지만 아름다운 해변과 병풍처럼 해변을 둘러싼 기암절벽을 만나면 다른 세계로 온 느낌에 설레기 시작한다. 대부분의 여행자가 당일치기로 다녀가기 때문에 만약 이곳에서 머무른다면 라일레이 전체를 전세 낸 듯 즐길 수 있다. 라야바디는 라일레이를 대표하는 고급 리조트로, 스머프 집 같은 귀여운 외관의 독채 숙소들이 넓은 부지에 퍼져있어 아주 프라이빗한 시간을 보낼 수 있다. 또한 절벽으로 둘러싸인 넓은 수영장과 프라낭 비치를 전망으로 한 동굴 레스토랑 더 그로토(The Grotto)도 라야바디를 더욱 특별하게 해준다. 커플, 신혼 여행자라면 꼭 한번 고려길 바라는 곳이다.

🏃 라일레이 해변 도보 9분, 리조트 전용 보트 운행
📍 214 Moo 2, Ao Nang, Mueang Krabi District, Krabi
📞 +66 2 301 1861 🅱 디럭스 파빌리온 18,000바트~, 패밀리 빌라 70,000바트~ 🏠 rayavadee.com

피피섬의 힐링 안식처
사이 피피 아일랜드 빌리지

SAii Phiphi Island Village

똔사이 지역과는 떨어져 있어 여행하기 편한 곳은 아니지만 휴양을 즐기기엔 더없이 좋다. 전용 해변인 로바가오 베이(Loh Bagao Bay)는 백사장이 새하얀 데다 하루에도 몇 번씩 수면 높이가 달라져 다채로운 물빛을 눈에 담을 수 있고, 코코넛 농장이 어우러진 개성 있는 자연경관도 만날 수 있다. 힐사이드 풀 빌라는 물론 태국 전통 스타일의 방갈로도 있어서 바캉스 무드가 제대로 느껴진다. 취향대로 아로마 향을 선택하면 커스텀 어메니티를 만들어 주는 것도 이곳만의 서비스! 푸껫 북부에도 사이 리조트가 있어서 두 곳에서 각각 숙박을 하면 '아일랜드 파라다이스' 플랜으로 교통편까지 제공해준다.

🏃 푸껫 마리나 피어에서 전용 스피드보트 1시간, 똔사이 피어에서 보트 택시 이용 📍 49 Moo 8, Ao Nang, Mueang Krabi District, Krabi 📞 +66 75 628 900 🅱 슈피리어 방갈로 7,000바트~, 오션 뷰 힐사이드 풀 빌라 24,000바트~ 🏠 saiiresorts.com

🔍 찾아보기

🍺 NIGHTLIFE

☕ CAFE

🔍 찾아보기